Mother

Style

Daughter

家有潮娃
A TIDE OF CHILDREN

花样母女风格小黑皮书

摩天文传 著

中国铁道出版社
CHINA RAILWAY PUBLISHING HOUSE

图书在版编目（CIP）数据

花样母女风格小黑皮书 / 摩天文传著 . -- 北京：
中国铁道出版社 , 2017.6
（家有潮娃）
ISBN 978-7-113-22815-6

Ⅰ . ①花… Ⅱ . ①摩… Ⅲ . ①儿童—服饰美学Ⅳ .
① TS941.11
中国版本图书馆 CIP 数据核字 (2017) 第 020164 号

书　　　名：花样母女风格小黑皮书
作　　　者：摩天文传 著

责任编辑：郭景思
装帧设计：摩天文传 www.moreteam.cn　MXK DESIGN STUDIO
责任印制：赵星辰

出版发行：中国铁道出版社（100054，北京市西城区右安门西街 8 号）
网　　址：http://www.tdpress.com
印　　刷：中煤（北京）印务有限公司
版　　次：2017 年 6 月第 1 版　2017 年 6 月第 1 版
开　　本：880mm×1194mm　1/24　印张：8　字数：171 千
书　　号：ISBN 978-7-113-22815-6
定　　价：39. 80 元

前言

亲子装是时尚大势所趋

如今，时尚也是孩子的竞争力之一，随着全家出行机会日趋增多、各类亲子节目层出不穷，亲子时尚为大势所趋，已成为众多妈妈追捧的热点。增进母女感情、收获超高回头率、增加朋友圈点赞，穿着亲子装就是最佳的街拍神器。但亲子装绝非成人成衣的微缩复刻，有创意巧思的亲子穿搭才能提高时尚度，让自己和宝贝以最时尚的形象出现在不同的场合，对升温家庭关系与塑造孩子的时尚度都大有裨益。

辗转全国多地真实拍摄

本书甄选十组人气时尚网红母女现身展示穿搭要诀，制作团队不惜重金辗转全国多地真实拍摄，不同风格的温情演绎，不同元素的默契碰撞，不同质料的风格诠释，不同场合的完美出镜，以真实的时尚母女、温情的拍摄场景呈现出优化的母女穿着搭配方案。参考全球视野内的星妈潮童，借鉴真人母女 KOL 的实拍示范，从一目了然的案例中获取实用的搭配方法，迅速提升妈妈们的亲子时尚搭配能力。

意见领袖倾情点评

如何搭配才能既不掩盖宝贝们的天真无邪，又能让妈妈看起来不会幼稚失真？全书特邀 20 位国内亲子育儿专家、时尚意见领袖分享亲子装搭配秘诀，列举当下可圈可点的辣妈亲子风格作为学习典范并加以点评。集合极高说服力的专家阵容，集齐时尚领袖的亲子穿搭理念，甄选数千款实用单品，为辣妈和宝贝提供时尚前沿的完美着装方案，完成兼具创意感和时尚度的亲子穿搭，轻松驾驭每一个场合的变化。

专业团队全力打造

本书由国内知名时尚出版团队——摩天文传倾力打造，书中所有搭配方案都经资深时尚编辑整理优化，逾千张大图均由专业摄影师实地取景，以新、优、全的单品资源与人气时尚母女的担纲演绎，为妈妈们展示了超强搭配方案。

本书出镜网络人气母女 & 时尚意见领袖

网络人气母女模特

@ 唐怡 -- Ty 小姐
服装搭配师、时尚童装买手、亲子专栏特约达人。

@ 薛莎莎 Sasa
时尚达人、服装搭配专家，独立经营童装品牌。

@ 可能是聪小雯_S
《女友亲子》杂志社特邀顾问、亲子专栏特约达人。

@ 秦小 Q 快跑
时尚穿搭顾问、亲子互动专家、亲子专栏撰稿人。

@ 芸丫头乖
亲子专栏特邀达人、《风采童装》杂志社撰稿人、服装买手。

@Ladymao
服装买手、时尚搭配达人、亲子专家，独立经营童装品牌。

@ N 妮小姐
新浪时尚美搭专家、微博时尚达人。

@ 琪叽咕
平面模特、时尚达人、育儿知名博主。

@ 金蓉 Li
时尚高级造型师、服装搭配师、特约穿搭顾问。

@ 颜晓 Qi 齐
平面模特、时尚搭配专家、亲子专栏特约达人。

时尚意见领袖

@ 心心陆
时尚达人、服装设计师、淘宝童装皇冠店主。

@ 许小丫
专业模特、时尚美妆达人，擅长服装搭配。

@ 徐小咪
模特、时尚达人，爱好摄影，擅长童装及亲子装穿搭。

@ 那_女子
时尚达人，擅长摄影与穿搭，独立时尚工作室主理人。

@ 邵琳 coco
时尚达人，《ELLE》《时尚COSMO》等时尚美容杂志撰稿人。

@ Selene
曾获中国模特大赛、旅游小姐大赛季军，《女刊》等时尚杂志封面女郎。

@ 青青
时尚服装买手、淘宝童装店主，擅长童装穿搭。

@ 韩韩
时尚造型师、服装买手、服装搭配专家。

@ 苗苗妈
时尚童装买手、服装搭配师、时尚摄影师。

@ Sherry
服装搭配师、服装买手，女儿为童模。

@ 桃子妈妈
服装搭配师、服装买手，独立经营童装及亲子装。

@ 狮女王小 C
时尚达人、美妆达人、自由撰稿人。

@ 乖妈
服装买手、童装品牌独立经营人。

@ 佳宝妈咪
服装买手、时尚搭配专家，擅长童装搭配。

@ 爱蜜粒特
平面模特、人气百万博主、时尚美容达人。

@ VIVI
服装设计师、网络红人，独立经营童装品牌。

@ 安琪妈
时尚达人、独立童装品牌经营人。

@ 卖男孩的小火柴
服装买手、擅长童装穿搭，女儿为童模。

@ 佐耳洞
时尚服装买手，擅长童装穿搭。

@ Sweet 可瑞丝麻麻
服装搭配师，擅长童装穿搭，女儿为童模。

CONTENTS 目录

Chapter 4 从质料中感受最温馨亲子装

Chapter 5 从色彩中收获最亮眼亲子装

Chapter 6 全年场合都合适的百搭亲子装

从观念改变亲子装
的落伍模式

· · · ○ · ○ · ○ · ○ · ○ · ○ · ○ · ○ · ·

多数父母对于亲子装的概念，认为亲子装就应该穿得一模一样，但事实上这样的穿搭未免有些俗套。理想的亲子装应该同时满足于尊重大人和孩子的着装需要，但又要求在衣着搭配上和细节处存在差异。从整体上体现亲子装的先进理念，改变落伍的俗套模式。

亲子装的错误搭配观念

　　常常把孩子打扮成另一个小型版的自己，忽视亲子装的搭配性是不少父母存在的误区，在他们眼中"穿着一模一样的服装，大小颜色款式如出一辙"就是亲子装的唯一体现。摒弃这样的错误观念吧！尝试更多元的选择，让亲子装以更丰富多样的方式成就统一美感。

○ 错误观念一：孩子衣着呈现与大人一样的成熟度

　　许多时尚观念比较激进的妈妈喜欢给孩子成熟的单品，或是选择设计过于成人化的亲子装，衣质过于硬挺、剪裁过于修身紧贴、设计繁琐复杂……用熟龄化的衣着让孩子呈现出超越年龄的酷感，往往会禁锢了孩子的童真无邪的年龄特质，容易显得孩子不伦不类。

时尚达人 @ 徐小咪

时尚达人 @ 狮女王小C

○ 错误观念二：衣着色彩完全统一才不会出错

　　一味地与孩子穿着完全统一的颜色并非高衣商妈妈的行为，给孩子穿上五彩缤纷的稚嫩套装，自己也随之附和而忽略了低龄装扮与年龄特性的不和谐，或是喜好素色的妈妈让孩子舍弃五颜六色而与自己的穿着达成统一，都是亲子穿搭的雷区，妈妈与孩子都不会出彩。

○ 错误观念三："一模一样"才是亲子装的体现

　　许多妈妈把与孩子穿着同样的衣服作为爱的表达方式，在选购服装时也只把市面上传统成套设计的亲子装当作唯一选择。如果从头到脚除去大小尺寸的偏差而穿着一模一样的款式，过于成熟的单品会掩盖孩子的天性，而过于稚嫩的元素又会让妈妈产生不和谐感。

时尚达人 @VIVI

时尚达人 @ 乖妈

○ 错误观念四：过于关注实用性而忽略搭配性

　　许多妈妈会认为孩子的装扮不需要过多的装扮，随意舒适并且耐穿即可，所以在选购亲子装时也不会花费过多心思在搭配上，忽略了亲子成分也可以通过不同的色彩同样的风格、或是同样的质料不同的款式去体现，导致亲子装完全没有个性特点与时尚美感可言。

○ 错误观念五：剪裁一致才能造就统一美感

　　在剪裁与廓形上保持一致来打造亲子装也是许多妈妈的误区，即便是低领露肤、紧身包臀的衣着也给孩子穿上，往往会束缚孩子的健康成长，也带来与年龄格格不入的成熟感。而一些廓形膨胀的服装穿在孩子身上会更显可爱，但穿在妈妈身上只会凸显臃肿。

时尚达人 @ 桃子妈妈

时尚达人 @ 佐耳洞

○ 错误观念六：穿一样的衣服才能体现亲密度

　　在日常出行、拍照出游中，不少妈妈常常会选择与孩子穿着一模一样的亲子装来体现亲子之间的温馨与亲密感。其实不然，妈妈与女儿身上具备相同的元素，或是形式不同的材质呼应。例如，一种布料分别在母女的上下装各自呈现，也能在姿态各异中体现亲密之感。

尝试颠覆性的亲子装搭配方式

Way1：呼应方式

妈妈身上的牛仔材质呼应女儿的连体裙装，彼此都有的水洗做旧处理让两件单品默契十足。妈妈女儿在配件上都选择了黑色单品，也让整体搭配主次更突出。

Way2：对比方式

妈妈身上硬朗休闲的牛仔与女儿身上轻盈灵动的雪纺本是截然不同的对比，但因为各有蕾丝拼接的加入而巧妙地融合在一起，相互碰撞出刚柔并济的美感，选择同一色系的鞋子更增添了整体的和谐度。

Way3：关联方式

妈妈的民族风与女儿的中国风因为共有的刺绣元素而关联交融，显眼的中国红底色更凸显民族风手绘刺绣的大气磅礴与中国风花朵刺绣的精致细腻，同时选择黑色配件相搭又巧妙地将中国红的浓烈适度收缩。

Way4：反差方式

在妈妈的硬朗造型中加入减龄的卡通元素，女儿则选择具有大人感的茧型大衣，以此来打造出的年龄反差感在色彩的巧妙呼应与衣着廓型的相似剪裁中得到平衡，同时选用裙装的内搭更凸显整体造型的高街潮感。

Way5：互补方式

同样色彩斑斓的花朵在母女身上以不同大小的面积覆盖打造出各具特点又完美互补的运动休闲美感，妈妈只在肩部与鞋子用花朵点缀，女儿则通身运用花朵图案覆盖，妈妈的低调美与女儿的高调萌相得益彰。

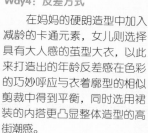

参考全球视野内的星妈潮童衣着

时尚是一种基因，几乎每一位星妈身边都会有一个更抢镜的"it Baby"，而她们的亲子穿搭也成为众人追捧与模仿的典范。搜罗全球视野内的星妈潮童，即便不是星妈，也能通过学习她们的时尚搭配要领来让孩子变身潮童，打造受人瞩目的亲子型格！

♥ 星妈：Madonna Ciccone

♥ 潮女：Lourdes Leon

Madonna 日常装扮并没有过分强调装备的奢侈属性，黑色为主与她一贯以来的强势风格颇为相符，各种黑色单品形成了"少即是多"的极简风格；女儿 Lourdes 以典型的美式率性风散发出与妈妈如出一辙的酷感，用简单利落的单品打造毫不乏味的高街造型。

♥ Point：像她们这样穿

从衣着的廓形和颜色或是内搭单品的选择等选一方面入手，在局部单品的呼应下打造帅气休闲的母女装，加入帽子、墨镜、围巾等配件让整体造型更加出彩。

♥ 星妈：Katie Holmes

♥ 潮女：Suri Cruise

无论是穿着同一色系还是鲜明对比的反差色，Katie 与 Suri 这对母女的出街造型总是秒杀无数菲林，用简单随性的单品打造时尚舒适的亲子装是她们的一贯风格，妈妈 Katie 偏向于素雅低调的装扮，而 Suri 则常用玫粉色点亮整体造型，母女二人在一明一暗的色彩对比中碰撞出别样的风采。

♥ Point：像她们这样穿

不必拘泥于一模一样的颜色款式，把控整体风格的守恒，即便是跨度较大的色彩也能通过灵活运用轻装上身，打造出各具特点又相辅相成的亲子装扮。

💟 星妈：Reese Witherspoon

💟 潮女：Ava Phillippe

具有高衣商的美国著名演员 Reese 是穿搭高手，与其女儿 Ava 的亲子装扮也是搭配典范。没有固定风格，却能游刃有余地在甜美与硬朗、正式与休闲中自由切换，没有完全一样的单品，却能在相同的剪裁或颜色的把控中巧妙关联，保持整体和谐是 Reese 母女亲子装的搭配关键。

💟 Point: 像她们这样穿

同一材质以不同剪裁在母女身上运用，或是遵循上下装一繁一简的搭配原则，即使是不同的单品也能在共有因素的关联中彰显亲子穿搭的默契度。

💟 星妈：Heidi Klum

💟 潮女：Leni Klum

维密天使 Heidi Klum 拥有摇曳生姿的性感身段，其女儿 Leni 也继承了其良好的基因，母女共有的高挑身段与完美比例使得衣着选择少了许多限制性，用条纹、星星等经典元素打造舒适休闲的日常装扮，用图案精致剪裁独特的单品打造时尚 LOOK，无论长款、短款都能轻松驾驭，无时无刻都是人群焦点。

💟 Point: 像她们这样穿

注重亲子整体装束的对比效果，与其将同一图案在母女身上重复运用，不如将同一风格以不同的方式诠释。例如，清新航海风可以通过海军条纹与海洋色晕染分别呈现出来。

细节呼应胜于整体一致

妈妈在挑选和女儿的母女装时，会刻意选择颜色、款式相同或相近的服装来搭配，其实，母女装未必需要整体一致或近似，用细节来呼应整体更是技高一筹。

菱形图纹成为图案上的呼应

菱格、菱形元素作为妈妈和女儿身上的共有元素出现，彼此身上都带着宝蓝色也让搭配更显默契，这种求同存异的搭配方式让让母女外形契合又稍有不同，产生差异个性。

A 型宽松设计形成廓形上的呼应

在这套母女装搭配中，看似毫无联系，但却巧妙地使用宽松的 A 型廓形设计，从质感与视感上给人一种松软、舒适之感，令亲子装在廓形上形成呼应，展现廓形设计之美。

针织麻花形成布料肌理上的呼应

工整而细腻的麻花编织纹路，采用特殊的针织工艺，将针织所特有的凹凸肌理感展现出来。通过这些细节上的相互呼应，让麻花针织纹理更有存在感，在细节中产生充满闲适之感的母女搭配。

风格呼应胜于元素一致

相较于能够直截了当地认出母女穿着亲子装，有着统一风格却不同设计、不同款式、不同元素的亲子装更显得婉转有品。代表着妈妈高超的搭配水准和眼光，更加突显高阶亲子穿搭术。

带来强劲冲击的波西米亚风格

波西米亚风格浓烈的色彩、繁复的设计，会带给人强劲的视觉冲击和神秘气息，通过内搭在母亲身上的波西米亚风格连衣裙，和女儿两袖拼接的搭配，不同位置却都带出同一种视觉效果，令人感叹搭配的精妙之处。

向往自由闲适的田园风格

通过细节化的设计，妈妈的田园风格体现在整体针织质地与肩部的小碎花刺绣，女儿的田园风则体现在胸口前的印花，相互呼应而又经得起推敲的风格更为雅致有品。

杂糅艺术设计感的波普风格

妈妈衣服下摆处几何波浪形的提花花纹，和女儿上衣精致细小的花纹相呼应，颜色和花纹都充满了强烈的艺术设计感，母女之间虽没有大面积图纹的重复与一致，却在细节中给人一种别出心裁的契合。

让孩子和自己都能穿着适龄的衣服

　　最好的亲子装应该能同时满足妈妈和女儿的穿着要求，又能在设计或细节之处存在差异，令妈妈和女儿不会在彼此的年龄感上产生巨大的分水岭，来达到平衡的效果。

💜 缩短母女"衣+年龄差"

　　"衣+年龄差"可以简单地理解为打扮之后呈现出来的年龄差距。很多妈妈都希望能和自己的女儿看起来像"姐妹"，这是一种非常常见的诉求。通过衣着、化妆、发型等造型的装扮，再加上为低龄的女儿适当地增加"年纪"，摆脱稚嫩之感，缩小母女之间的年龄差距，来达到更像"姐妹"的目的。

💜 亲子装适龄原则：妈妈-5岁，女儿+3岁

　　通过着装搭配的方法，给妈妈适度减龄，让自己看起来更年轻。不少妈妈认为自己穿得越年轻越好，但事实上，如果减龄减10岁，则会与妈妈本身年龄、气质不符，太大的差异反而会弄巧成拙。把握适度的原则，减5岁左右的年纪对妈妈最为合适，一是可以令妈妈看起来更为年轻活力，二是拉近和女儿的年龄差距，使母女两人站在一起更为和谐、平衡。

　　不仅妈妈要适度减龄，女儿的穿搭中，也需要适当增加一些成人化的元素，这样不仅能够使女儿摆脱青涩幼齿的感觉，又保留了儿童在这个阶段所特有的青春俏皮。通过为妈妈减龄，让女儿增龄，恰到好处地满足母女的穿着需求，又能拉近母女的年龄差距，使亲子装搭配更和谐。

💙 让妈妈 -5 岁的单品

几何图案装点于衣身，色彩亮丽，层次清晰，连同柔软的质地，令人感到轻松与舒适。

浪漫的花朵刺绣零星点缀，大领口与腰线设计，展现妈妈完美身材曲线。

极富有艺术的张力的颜色与刺绣，加上挺括立体的剪裁能使人觉得精神十足。

茧型大衣包裹住身材瑕疵，粉红的颜色令人感觉风格十分甜美，展现青春靓丽的气质。

红黄两色干净又明快，俏皮的 A 型衣摆和双排扣设计带着俏皮、灵动。

修身短款高领设计，不仅显瘦，还很好地拉长了妈妈的整体线条。

💙 让女儿 +3 岁的单品

简洁明快的设计加上较为挺括的剪裁，使得女儿显得气质又精神。

斜开襟的拉链带有成人化的设计元素，软皮菱格与蕾丝布料的结合更成熟。

较为硬朗的几何图案、线条、色块的相互碰撞，为衣服增加了时尚个性。

以黑色为底色的抽象印花拼接，与明快亮眼的橙色形成了强烈对比。

水洗磨白牛仔连衣裙带着些许复古成熟的感觉，女儿穿上会展现出多元的气质。

厚实而挺括的直筒短款牛仔外套，简洁利落的经典设计让女儿杂糅了帅气与硬朗的气质。

这么搭配成为众人焦点

　　以往对于"显眼"的穿搭，多数人认为鲜艳靓丽的衣服才显眼。其实，选择带有绚烂的花纹、高亮度的色彩、独特设计等元素的衣物，都能成为众人眼里醒目出众的焦点。

和谐一致的整体效果

　　母女俩穿着近乎相同，女儿还搭配上轻巧的帽子和斜挎包，可爱的猫咪刺绣尽显趣味和童真，红色配上黑色小短裙更是显得活泼清爽，加上T恤设计，百搭又轻便。同样的两件衣服，为母女俩带来整体和谐一致的效果，街头巷尾吸引人的注意力，令人一眼就能看出是母女亲密关系。

尝试款式不同的亲子装

　　同样的一款带着浓厚古典泼墨印花元素的布料，同时运用在母女俩的身上，展现出两种不同的着装效果。妈妈的衣服设计成一款连帽灯笼袖上衣，举手投足间都散发着婉转与优雅。为女儿设计的则是一款A型大摆连衣裙，雪纺所独有的轻盈让宝贝娇俏可人。将两款不同的单品组成亲子装，是最具巧思、最有艺术气息的搭配，收获众人惊艳的目光。

💗 用连衣裙打造优雅气质

　　用抽象的几个条纹，连接高腰线拼接设计，让妈妈的身形看起来挺拔，恰到好处的裙子长度令两人的身形都拉长不少，展现挺拔优雅的气质。独特的花色中袖，无论是单穿还是内搭都时尚有型。将这些设计元素和理念，融入在一条裙子中，寄托了无限的优雅与魅力。

💗 利用内搭单品体现不同时尚感

　　相同的两件牛仔外套，一大一小同时穿在母女俩身上，但由于内搭单品的不同，让旁人感受到母女俩不同的时尚感觉。妈妈用一件白色的民族风连衣裙内搭，白色与牛仔色搭配和谐，再利用宽松连衣裙弱化牛仔外套带来的紧绷感，更显休闲与舒适。而女儿则搭配了绣花T恤和西瓜红色小短裙，这样的搭配凸显女儿俏皮活泼的感觉，显得更加时尚。

适用四季的亲子装搭配铁律

无论是什么季节，妈妈都有一颗挡不住的火热内心，想要将宝贝和自己打扮得时尚动人。无奈于天气，穿不出想象中的效果。但只要妈妈敢于尝试，无论春夏秋冬都能穿出各个季节独特的搭配风格出来。

💜 春季搭配铁律：质感柔出来！

春季是万物复苏、充满着勃勃生机的季节，大自然所呈现出的繁盛，运用到各种穿搭中，则离不开可爱清新的颜色和绽放的花朵。针织衫所特有的平滑质地、柔软触感，同时具有一定收缩弹性，还可以为针织衫加入提花、水浆印花、刺绣、钉珠钉亮片等元素，让针织衫款式更多，百搭兼容性更好。这样毫无束缚感、肌理丰富、清爽温顺的的针织衫，展现出高品质质感。

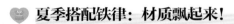

粉红色是出于春天的颜色，浪漫的针织和刺绣令针织衫的质感得到加强。

💜 夏季搭配铁律：材质飘起来！

夏天的时候也最敢穿，因为季节的特性，几乎什么风格和造型都可以尝试，尤其是雪纺！雪纺不需要烦琐的穿搭，轻薄、飘逸的简单感觉足够让夏季鲜活起来。雪纺这种材质的兼容性很高，例如，利用雪纺薄透的特点制成雪纺衬衣，半透明若隐若现的感觉透露出隐隐约约的女人味；又如，百变的印花雪纺，那种甜美而有浪漫的元素一定会是夏日靓丽的风景线；再如，雪纺轻盈飘逸的质感，制成雪纺连衣裙，翩翩扬起的裙摆让人显得仙气十足。因此，在夏季搭配一件雪纺单品，一定会让浪漫与甜美随着清风飘荡。

清透的雪纺白色最适合夏天，飘逸的衣摆为整体增添了一丝清凉感。

💜 秋季搭配铁律：色彩撞一起！

　　可能大多数妈妈没有如模特般高挑完美的身材，但只要勇于尝试一些普通人避而远之的艳丽色彩和花哨图案，毫不避讳撞色和色彩的叠加混搭，可以将一些身材的缺陷或是肤色的不完美掩盖住，用色彩展现独特的秋季时尚气息。初学撞色搭配时，牢记撞色搭配的经典法则，即"全身主要颜色不超过三个"，过多的颜色可能会让整体的搭配显得主次不分，过于凌乱。另外，在秋季，可以运用红、蓝、橙、绿等与秋季相关联的颜色，更能让季节与穿搭完美结合，撞出时尚新搭配。

上衣和裙子形成反差对比，更显红色与蓝色的鲜艳亮丽。

💜 冬季搭配铁律：层次多起来！

　　冬季的穿衣搭配始终有着厚重的基调，因此，服饰的搭配与运用尤为关键。如何搭配出有层次，又不厚重累赘，同时还要考虑到美观及保暖效果，确实令不少妈妈头疼不已。冬季穿搭其实并不难，运用色彩、花纹、配饰所带来的层次感，将内搭衣物、外套、下装等长短不一有机地结合起来，或是让它们的长度落差更大，所产生的层次感也会变得更为明显。此外，一些条纹、环形花纹也能创造出极富艺术感与趣味性的层次感。

利用围巾、帽子、短裙、筒袜去搭配外套，简单聪明地搭配中带出利落层次，丰富整体穿着。

从风格中成就
最默契亲子装

● ○ ● ○ ● ○ ● ○ ● ○ ●

　　想要他人对自己的亲子装搭配一目了然，最快捷方便的做法就是统一整体风格。这就要求不仅在整体上风格统一，也要求衣服的局部与整体都和谐。在面料、色彩、款式、工艺等各个要素都符合风格中特有的元素，其中所表现的默契不言而喻。

田园风 徜徉惬意轻松姿态

在白色的底色印上或绣上花朵和图案，用最经典的色彩和简单的色调来表现田园风格，无论是母亲还是宝贝都很合适用田园风格的衣服去感受惬意舒适的生活。

修长的高腰设计

高腰捏褶设计，勾勒出最纤细的腰部线条，能够轻松营造完美身材比例。

经典简约圆领

经典的圆领造型，能够修饰颈部线条，让母女两人都能感受到清凉舒适的人性化设计。

彩色立体绣花

草绿色清新甜美布料，加入立体的绣花图案，花型立体，可触可观，感受到最惬意的田园风格。

田园风清爽无袖

清爽的田园风格无袖连衣裙，让母女两人穿着毫无束缚，尽情地享受田园舒适时光。

田园风穿搭 **Q&A**

💗 **Q：田园风格中最常见的元素有哪些？**

A：田园风格以清爽的天然气息给人青春活泼的时尚感与清新可人的邻家女孩气质，松弛不束缚是关键，碎花、草帽、花边等元素与粉色、蓝色等淡雅浅色系组成了浪漫的田园风格着装。充满甜美气息的各式印花元素是田园风必不可少的主角，花朵似乎象征着田园风格的浪漫，让专属于女性的柔美更加得以体现。无论是印花衬衫，还是连衣裙或是百搭俏皮的印花短裙，都有着浓郁的田园风情。而田园中的蕾丝不予人神秘性感，而是一种返璞归真情结。这些成就田园精致细腻元素的拼接交叠使用，再没有比它们更加具有田园气息的了。

💗 **Q：利用哪些配件可以强化亲子装的田园风格？**

A：印花配饰的点缀，不仅可以强化整体风格，还能彰显个性品位。妈妈可以选择有规则造型的印花图案丝巾，为颈部增添无限柔情，让田园风的娴静也多了一丝动感活力。妈妈选择花朵装饰的项链，女儿则可以用花型发夹相呼应。立体花朵装饰的包包是尽显完美田园风格的点睛亮点，此外，编织草帽、藤编底单鞋也是彰显田园气息的绝佳单品，为整体风格平添几分亲切自然之感。

💗 **Q：田园风格与什么衣服材质相结合才最有默契？**

A：田园风是一种崇尚自然而反对虚假的华丽、烦琐的装饰和雕琢的美，追求一种不用任何虚饰的、原始的、纯朴自然的美。质朴的棉麻、轻柔的雪纺等材质都可以将清爽自然的田园风格淋漓尽致的展现，在忙碌的都市中也会给人一种置于田园花草中的惬意，并且棉麻吸汗透气的特性能给孩子带来舒适的穿着体验，是最适合孩子穿着的材质，为妈妈与女儿带来由内而外的放松。

💗 **Q：除了大面积的印花图案，是否还有其他田园风元素能贯穿全身？**

A：而今的时尚田园风更注意展现女性的柔美、古典和可爱，花边自然成为不可或缺的扮美主角。无论是含蓄的细节表现，还是大面积地铺开使用，夸张地布满全身或是毫无尺度地存在于饰品上，甜美花边都可以运用自如。在服装的各个部位，领子、袖子、下摆，甚至是全身都可以运用。甜美感设计的增加可以让人整体装扮的好感度立刻提升。不同的材质让层次感更丰富，良好剪裁的简约款式配上花边装饰。选择简洁的款式与之搭配是制胜的法宝。

 💗 **TIPS**

色彩轻柔、气质淡雅的小碎花总给人一种恬静的邻家女孩感觉，时髦、亲切，又"接地气"。穿小碎花时底色应尽量选择干净且明度较低的纯色，避免把田园风格穿出乡土气息，要做到时尚的返璞归真，而不是土气，可是要下功夫的。

田园风母女装搭配准则

"母女的默契不只是完全相同的衣服，近似的图案更能体现出母女之间的默契"。

近似图案体现默契

衣服上的图案近似或颜色相似，即使母女穿搭的其他搭配不太一样，也能穿出母女的默契。这套搭配中母亲和女儿都选择白底的印花 T 恤，花纹中颜色相近并都带有花鸟图案。她们两人的穿搭不仅同时适合双方，而且更为清爽可人。

"渐变的自然系印花着装不纷繁复杂抢色，又能拥抱田园风格的怀抱"。

印花点缀更自然清爽

色彩斑斓的印花带有浓郁的色彩，当选择这类衣服穿搭时，尽量避免全身上下全是被印花图案武装全身，选择衣服的一角或合适的位置带有印花元素的点缀，既能让辣妈潮童都享受到花朵带来清新自然的感觉，又能避免强烈繁复的图案破坏整体效果。

1mix3 的母女搭配方案

穿搭思路：
　　在袖子的处理上运用蕾丝或雪纺搭配，即使是相同的花纹也能让亲子装穿出不一样的感觉。

妈妈
这样穿

妈妈
这样穿

女儿
这样搭

女儿
这样搭

穿搭思路：
　　不用拘泥于亲子装的同款穿搭，只要元素相近相同即可让宝宝和你的回头率超高。

19

北欧风 创造大气浪漫腔调

干净明朗的北欧风情给人以干净纯粹的感觉，颜色纯净配以低调精致的花纹点缀，简洁的衣服设计觉悟杂乱之感，营造出淳朴、自然的感觉，让亲子着装搭配充满精妙细致的北欧风格。

文艺气质小翻领

精致的小翻领，简洁利落的领口线条，简约而又大方，充满了纯粹干净的欧式风情。

清新北欧风花色

清新的花色图案，带着俏皮灵动的感觉，尽显自然、明朗、大方的浪漫气息。

精致风琴褶皱

前襟捏褶设计，连同裙子腰部褶皱，立体的褶皱肌理带来与生俱来的浪漫气息。

轻薄舒适面料

垂感极好的轻薄面料带着北欧风特有的轻柔质感，通过母女俩更是双倍地将这种质感呈现出来。

🐻 **Q：北欧风格的突出特点是什么？**

A：北欧风格服装的最大特点就是令人体会到简约风格的魅力、从容而干净。北欧潮人装扮大多崇尚简约又大气的穿着，极简主义搭配就是他们潮流出位的一大法宝。相比于西西里岛的精致与法国的浪漫，北欧地区的潮人穿着相对简单也更放松，包裹住身体的单品不怎么常见，大多数都是宽松×宽松的搭配，单一的素色也能穿出惊艳的感觉，中性乐福鞋也比高跟鞋受欢迎，以简单大方、随性自然的气势营造出强烈的着装风格，也是多数妈妈与女儿都能驾驭的风格。

🐻 **Q：北欧风格最常见的元素有哪些？**

A：就单一的元素来说，给人温暖感的北欧风情印花、充满浓郁北欧风情的雪花与麋鹿图案都是北欧风格的元素主角，宽松毛衣、毛绒帽子、粗呢围巾、雪地靴等都是尽显北欧特色的单品，柔软的质地散发着温暖质感。在寒冷的冬季，妈妈与女儿可以选择雪花图案毛衣、宽松斗篷衫、连帽双排扣牛角呢大衣等主角单品来突出北欧风格。

🐻 **Q：冬季着装常常更能突出北欧风格，那么在夏季如何也能穿出北欧风格？**

A：暖意十足的棉毛类材质是北欧风格最常见的载体，但在炎炎夏日，北欧风格同样可以运用自如。即使在花哨缤纷的夏日七月，也可以遵循从容、干净、优雅的穿衣法则，这种服饰搭配是北欧风格的特点，也是很值得推崇的亲子装出穿衣风格。脖子、耳间、手腕，没有多余的配饰，简洁明朗的装束与夏日阳光下的肌肤，都散发出通透的质感，给人感觉干净舒适的亲子装，一定是夏日缤纷色彩中一簇别样的清冽凉意。

🐻 **Q：明亮度高的荧光色是否属于北欧风格范畴？什么颜色更适合北欧风？**

A：北欧风格主打冷色系，除了北欧风情图案用色相对厚重与跳跃，一般都以明度较低的浅色为主，如杏色、灰色、白色这三种色调沉静而高雅，整洁的色系更容易营造简约气息，而带给人纯净质感的白色一直是不退潮流的经典色彩，在近几季又格外盛行整身白色的造型法则，更让白色单品炙手可热。亲子装选用纯净轻快的色调，更能展现妈妈与女儿的纯美气质。

👕 **TIPS**

干净、优雅、不随波逐流、永远充满品质感，这种服饰搭配是北欧风格的特点，无须过多装饰，摒弃过于浓重艳丽的色彩，也能省去妈妈们过多的搭配烦恼，是很值得推崇的穿衣风格。

北欧风母女装搭配准则

"简单的设计并不代表朴素，双肩上点缀花纹一样能够传递出低调的奢华感，巧妙地提升气质。"

小范围的点缀提升气质

传统的北欧元素多半以华丽的风格示人，但近来发展的北欧风格走的是简单、清爽的路线，并且多用简洁的设计和几何图案来体现低调的设计。这套母女亲子装，在双肩上点缀绣纹和钉珠，裙摆线条流畅，不仅在设计上更具动感飘逸，还整体提升了质感。

"几何图案因其简单搭配，选择独具特色的图案使得衣服不再单调，变得生动鲜亮起来。"

几何图案独具个性

当精妙细致的北欧设计碰撞现代简洁的设计，两者的风格能够完美地糅合。将湛蓝的海洋色和舒适惬意的雪纺华丽地结合，创造出独具个性和特色的北欧风情衬衫。母亲穿着更显简洁洗练的气质，女宝贝穿着更显纯真清新。

1mix3 的母女搭配方案

妈妈这样穿

女儿这样搭

妈妈这样穿

女儿这样搭

穿搭思路：

相同或相近的元素搭配让母女各自带着特点，又能在风格上统一，暖色和橘黄色的花纹能给人带来温暖和谐的感觉。

东瀛风 打下优雅浪漫的基调

柔软舒适而又浪漫的东瀛风带来不一样的文化感受，以花朵、印花、柔纱、轻盈的布料营造素雅幽静的感觉，让人感觉无比的安静清爽。

浪漫东瀛樱花

浪漫的繁花赋予生命的气息，大大小小的花朵相互映衬，带着浓烈的异域风情。

大胆撞色更具潮流

袖片、裤腿的动感撞色及条纹拼接，沿袭经典运动元素，尽显潮流风采。

实用与时尚共存

领口、袖口、底摆等部位进行收口处理，不仅美观大方，还兼顾极高的使用性。

运动风打造时尚气质

华而不俗的运动设计，令清新淡雅的东瀛风融合出新的东方之美，突显气度和时尚。

东瀛风穿搭 Q&A

Q：什么是东瀛风？

A：神秘的东瀛文化源自日本，神秘又具有东方味道的文化让人为之着迷，短而精致、纤细性感、精准轮廓剪裁……这是传统的东瀛风格，而今随着潮流文化的发展演变，带着雅致的小雏菊、灿烂之樱花，清冷的黑白元素的东瀛风潮摆脱了老旧的条条框框，以一种更加活力、更加现代的面貌呈现在人们面前。要想用独树一帜的印花图案来彰显不甘平庸的亲子装风格，那么独特而别致的东瀛风绝对是值得尝试的风格。

Q：东瀛风亲子装可以选用哪些元素？

A：将浮世绘中的山水风景画和人物画"绘"上时装，结合日本的传统文化，用精致而繁复的工艺带来新鲜的视觉感受，是东瀛风的惯用手法。樱花图案、翱翔的苍鹭、仙鹤刺绣等都是常见的东瀛风元素。东瀛风格的亲子装，可以选取融合日本传统的花卉图案，展现古老东瀛风情的别样味道，并选取欧根纱、网眼面料、绸缎等材质，运用经典的黑白红东瀛风色调，多层绢花与欧根纱组合起来的花朵效果能令人眼前一亮。

Q：亲子装选用什么单品最能突出东瀛风？

A：神秘的东瀛文化向来是服装设计师的灵感源泉，在近年将民族韵味浓厚的此种元素与或前卫、或摩登的当代着装结合，成为最引人瞩目的趋势之一，这两者最巧妙的碰撞莫过于东瀛风印花或刺绣夹克，在彰显帅气的同时亦个性十足，是妈妈与女儿可以大胆一试的单品。若是没有足够勇气穿上如此复杂的刺绣图案，那么可以选择一件带有简单刺绣印花的基本款夹克就好，不管是绣在胸前还是衣袖上，虽然图案简单却一定不会让你的整体造型看上去低调无趣味。

Q：亲子装若是选用传统东瀛和服，如何穿出现代感？

A：使用民族特色很强的单品来搭配，不是一件容易的事，但和服外套是个例外，在时尚界，它几乎成为打造随意舒适却略带神秘感造型的撒手锏。将传统和服款式进行改良，使和服外套融入流苏、雪纺的等新元素，甚至可以加入嘻哈、宗教、运动风格及柔美蕾丝等元素与之混搭。在款式与剪裁上，短袖和服式系带上衣、斜襟系带背心、宽袖开衫、束腰、腰封是改良式和服装的关键元素，把精致、设计感和休闲精神融入整套行头中，使传统的和款式也能打造出别样亲子装。

🐾 TIPS

东瀛风的丰富色彩与花卉刺绣，能有力地诠释风格特点，但也很容易导致媚俗，要做到即使靓丽繁杂却毫无艳俗做作，妈妈们在选择面料时就要把好关，选择合适的面料才是呈现质感的关键。

东瀛风母女装搭配准则

"留白需要勇气，但打破了传统的思维留下一抹动人的色彩，舍去了压抑，留下了朴素优雅。"

用留白体现宁静优雅

柔软而飘逸的裙子散发高贵而不失个性的精致美感。神态自然又极赋意境，仿佛让人身临其境地体验优雅的东营风格。母女俩的裙子上只有一小部分是花朵，大部分渐变留白，这样不仅能表现出悠然自得的感觉，还能体现东瀛风的宁静简练。

"想要打造既清爽又优雅的着装并非难事，用蓝色的花纹充满了宁静的东瀛风格。"

清爽蓝色更返璞归真

舒适的衣服会让人觉得悠然自得，当这份悠然的感觉在亲子装上体现，能让亲子之间更亲密无间。妈妈连衣裙的下摆、领口、衣服两侧用细致的图案描绘，收腰效果极佳，女宝宝的高腰裙拉长了身体线条，母女间的搭配更能体现出清润与静谧。

1mix3 的母女搭配方案

妈妈
这样穿

女儿
这样搭

🐾 **穿搭思路：**
　　母女花纹和布料的颜色形成反色，这样的搭配不仅独特还保留了复古时尚，尽显无限创意。

🐾 **穿搭思路：**
　　在都市快节奏的生活，用理性的蓝色和灰色色调搭配女儿的白色碎花，轻盈却不轻佻，营造清冷的优雅之感。

妈妈
这样穿

女儿
这样搭

27

 **穿出古朴典雅气质**

一袭青衣染就一树芳华，两袖月光诉说绝世风雅。在现代改良版的中国风里，几千年的博大精深文化沉淀出新的典雅气质。

立领盘口尽显东方韵味

精致的小立领和水滴挖洞，加入中国特有的盘扣，即刻让亲子装充满了东方韵味。

中国红中国味

红色是中国的颜色，而将中国红设计在中国风的亲子装中，充满了浓厚的文化感和中国味。

改良式中国风

改良的中式风格设计，让母女穿着搭配更为方便，融入时尚元素，紧跟潮流。

素雅刺绣充满艺术张力

抽象的几个绣花装点在袖口处，既增加了中国风元素，又让衣服增添层次感。

中国风穿搭 Q&A

💀 **Q：中国风的特点是什么？**

　　A：中国风服饰具有深厚的文化底蕴，中国画风的印花与刺绣，华丽的绸缎面料，中国特色图案，旗袍式结构等……无一不透露出中国情调。而今，悠远的东方文化已不再只代表传统和国粹，她快速成为一种流行于国际的时尚。走向国际舞台的中国元素无不彰显着独属于东风的绝美文化，而且风格多样化，满足时尚女性风格多样的百搭需求，为美丽增添一份内蕴与优雅，受到不少人的追捧，也是值得尝试的亲子装风格。

💀 **Q：中国风亲子装可以选用哪些元素？**

　　A：织锦刺绣、写意泼墨、云龙图腾、青花瓷……都是中国风的常用元素。中国江南特色的织锦刺绣最常见的是栩栩如生的刺绣花朵和龙凤呈祥，或镂空或采用凹凸不平的刺绣方式运用于服装上。运用中国山水国画的泼墨手法在服装上也展现了独特的魅力，中式花卉印花、抽象的水墨画，淡雅的花鸟鱼虫图案也成为常见的点缀。旗袍是中国传统服饰的极品，最能体现出东方女性的个人魅力。旗袍式披肩立领、侧衩、盘纽等经典元素也是极为常见。而蓝白相间的青花瓷，更是充满中国风韵味，是热度不减的流行元素。

💀 **Q：亲子装选用什么颜色最能表达中国风？**

　　A：中国风的色彩以浓烈为美，正红、金银、藏蓝、深紫……但红色一直是最具有东方特色的颜色之一，中国人对红色有着特别的崇拜，红的吉祥、红的喜庆都融入设计师对服装款式的改良中。如果妈妈们不想选用大面积的红色作为主色，可选择红色作为点缀，红色包包、红色腰带都可以迅速提升整体亲子装的亮度。红色适合暖调的皮肤，而亚洲人的肤色整体偏黄，对红色接受度很高，所以妈妈们可以放心地选用红色来作亲子装的主色调。

💀 **Q：如何将具有古典韵味的中国风穿出亲子装的时尚感？**

　　A：要想将传统古典的中国风穿出现代感，就要灵活地将传统元素与时尚元素兼容并蓄。重工蕾丝、拼贴百家布、轻盈欧根纱、缎带刺绣盘花、钉珠亮片，这些夺目又精致并带有时髦中国元素特色的时装成为混搭高手们一比高低的好拍档，把民族元素通过混搭、层次对比、色彩调和等手法，脱胎换骨成时髦感的中国风元素。混搭民族刺绣的配饰单品可以衬托出母女的不同气质，或是通过运用不同面料的混搭来增添整体造型层次感，甚至可以将中式印花运用于运动装上，都可以让传统元素即刻具有现代时尚感。

💀 TIPS

　　选择中式花卉图案作为亲子装的主角时，可以在印花中选一个颜色当配饰来强化整体风格。在配饰上做到"有声有色"，技巧就在于：在五彩缤纷的印花裙中选一个主色调作为配饰颜色，中和印花的繁复和明艳，做到视觉平衡才能"花而不乱"。

中国风母女装搭配准则

"红色充满了力量，更代表了经典的中国红，完美地诠释了中国风。"

经典红色充满古典韵味

　　盘口和绣花都是中国风中的经典元素，红色在其中表现出古典但不会显得老态。母亲红白的搭配和女儿红绿的搭配让亲子着装更显意境，将传统的元素和现代的高腰裙、短裙搭配，注入新的表现手法，令中国风在现代也充满了意境美。

"仿古的设计融入了蕾丝、刺绣等元素，既充满了现代设计感，又表现出含蓄的东方古典美。"

仿古设计演绎古典特色

　　浪漫的花朵在胸口配以热烈的中国风花朵刺绣，仿照汉服齐胸襦裙的设计，在现代地改良设计下既引人注目又不喧宾夺主。宽松的雪纺和蕾丝袖子，让整个设计更飘逸灵动。母女同款仿佛让人置身于隔绝喧嚣的古典园林中。

1mix3 的母女搭配方案

妈妈
这样穿

女儿
这样搭

😊 **穿搭思路：**
　　近似图案和相同的领口设计让亲子装在细节上充满默契感，花朵元素仿佛是一场中国风格的视觉盛宴。

😊 **穿搭思路：**
　　当中国元素的衣服穿在身上，水墨和刺绣等元素无疑是经典的，艺术地将细腻精巧的中国风表现得淋漓尽致。

妈妈
这样穿

女儿
这样搭

嘻哈风 提升全身活力指数

并不是肥大的T恤、宽松的垮裤和夸张的链条才是嘻哈风，干净的衬衫、印花运动装和牛仔外套也有强烈的时尚感，母女间的搭配更能呈现出质感。

绚烂花色充满生机

绚丽的色彩或多铺满衣身，以一种旺盛的生长姿态昭示着妈妈与女儿的活力。

拼接艺术更具动感

双肩的拼接迎合了时尚潮流，更是令整套亲子装搭配更具动感造型。

撞色贴条展现运动时尚

白色的撞色贴条，利用不同的颜色与衣服产生强烈的色彩中极力，产生丰富的层次感。

运动套装更显嘻哈

短外套＋休闲裤的动感搭配组合，让亲子装更具运动嘻哈的。

嘻哈风穿搭 Q&A

🐭 Q：**什么是嘻哈风？**

A：美国是嘻哈风格的发源地，嘻哈风格开始就是一种彻头彻尾的街头风格，它把音乐，舞蹈，涂鸦，服饰装扮紧紧捆绑在一起，成为 20 世纪 90 年代最为强势的一种青年风格。嘻哈俏丽、动感时尚的美式休闲风的典型代表，年轻的态度和清新的气质带给人青春活跃的时尚感，爽朗、明快、自由是嘻哈风的性格，穿得宽松简单，可是却强烈要求个人风格，。总是穿的太正式未免无趣，你还可以让自己更轻松些！妈妈们可以大胆尝试嘻哈风亲子装，与女儿一起感受随性自由的风格魅力！

🐭 Q：**嘻哈风格的亲子装可以选用哪些元素？**

A：随性渐变的数码涂鸦，夸张的图案、抢眼的色彩、奇趣的印花都是嘻哈风常见元素，形态各异的图案中又包括卡通图案、幽默标语、报纸印刷图案、随手涂鸦、连环画等。嘻哈风格上衣可以运用漫画中的剧情剪辑或充满爆炸力的对白框和各种撞色，让路人一目了然，选择不拖泥带水的宽松设计让穿着无压力，且具备超高回头率！此外，迷彩元素也是嘻哈风的新晋主角，由严肃军旅风转变为具有休闲嘻哈风的潮流时尚，天生具备的酷感与融于时尚的多样化，是很多人为此狂热的原因，选择迷彩风格的亲子装绝对能成为高街焦点。

🐭 Q：**打造嘻哈风格突出的亲子装可以选用哪些单品？**

A：牛仔外套、oversize 衬衫、大 LOGO 宽松 T 恤、刷白牛仔裤、任务靴和渔夫帽、棒球帽等休闲感十足的单品，都是嘻哈风的常见单品，都可纳入妈妈们在搭配亲子装时的选择范围。而追求更突出的嘻哈风格，妈妈们还可以选择帅气的机车皮衣，配上 20 世纪 70、80 年代风格的复古图案、字母徽章，打造时尚酷感的亲子装。而棒球衣也是不可错过的单品，活力十足的特性加以五颜六色的表情、符号等图案，俏皮活力尽显无疑。而要想在单调的牛仔上突出个性，加入鲜明的趣味图案和英文单词都是不错的选择。

🐭 Q：**随性自由的嘻哈风少不了亮色的加持，那么如何正确使用亮色呢？**

A：高明度的亮色如果穿得不妥当，俗气兼土气感即刻显现。同一色系亮色不宜大面积通身使用，因为亮色看起来会显得很轻浮，因此需要用"正经"的颜色去搭配，而白色、黑色这两种百搭色混搭亮色绝对不会错。不同色系的亮色组合也一样行得通！亮色配亮色的准则是，上身暖色，下身最好选择冷色系，反之亦然。妈妈们需要注意的是，亮色嘻哈亲子 Look 除了色彩的平衡外，外在的配饰也很重要，项链、手镯、帽子有时候一样也不能少。

 🐭 **TIPS**

嘻哈穿着风格一直在转变，宽松依旧，但不用过于松垮。要穿得好看、简单、干净即可，鞋子不管是球鞋、任务靴或休闲鞋，一定要干净，才能呈现质感。而金属饰品有助提高亲子装的嘻哈指数，但未必非得挂得满身都是。

嘻哈风母女装搭配准则

粉红色体现青春洋溢

粉色大概是打造嘻哈风中最特别的颜色了，搭配好依然能带来不一样的嘻哈感觉。女宝宝用牛仔短裤配红色的鞋子成就个性色彩，母亲搭配运动棉质包臀短裙和运动长裤，随意又极富层次感。母女俩的搭配一气呵成，不用酷炫的色彩和装饰，用可爱的粉红色也能打造嘻哈风。

黑色配印花抢眼又潮酷

颜色鲜亮的花朵配上黑色的袖子和领口，强烈的冲击力无疑让人眼前一亮，酷感的色彩搭配融入街头的嘻哈风潮，掀起一股酷炫的黑金狂潮，打造时尚街头嘻哈风格。不必担心女宝宝穿着黑色会显得沉闷，印花会将黑色巧妙地融入其中，引领时尚潮流。

1mix3 的母女搭配方案

😀 **穿搭思路:**
　　绣花的牛仔外套少了些许街头粗犷的味道，多了一些俏皮可爱，也能打造个性，增强活力感，提升亲子装穿搭的活力指数。

妈妈
这样穿

女儿
这样搭

妈妈
这样穿

女儿
这样搭

😀 **穿搭思路:**
　　中性的牛仔布料和简洁刺绣花纹，让硬朗的短款外套有带有一点花哨的感觉，领子能让母女俩精神十足。

波普风 让自由充满每个细胞

波普风格强调在灵感得到的视觉图案，并且注重色彩搭配整体和谐的复古风格。因此，波普风格虽然颜色鲜亮，但整体协调，非常适用于打造自由艺术的感觉。

高腰设计更显格调

拼接的高腰设计，加上在上衣和两袖堆叠的花纹，视觉上营造高腰线，令身材修长。

简约版型不累赘

干净的线条及简单的版型，让这套母女装不显累赘，更方便穿搭其他衣物。

中袖设计更显非凡

抛弃中规中矩的短袖或长袖，设计使用了中袖，更是令妈妈的连衣裙显得特别。

波普风活力印花

不规则的波普风格印花，极富生机与朝气，诠释波普舒适、艺术、活力的设计风格。

波普风穿搭 Q&A

Q: 什么是波普风?

A: 波普风格又称为流行风格,其实就是英文 POP 的音译,特立独行且朝气十足的波普风强调重复叠加的图案和跳跃碰撞的色彩。视觉几何的波普以不规则的几何图形搭配鲜艳的色彩,强调新奇与独特,追求大众化的、通俗的趣味。在图案上曾经常见的几何图案被重新演绎变化,那些让人产生视觉幻觉的圆点、条纹、斜纹、水波纹等经过复杂的排列、交错、重叠,形成了色块的跳动和形状的起伏,视幻的效果将波普风精髓演绎得惟妙惟肖。

Q: 波普风的亲子装可以选用哪些元素?

A: 波点、条纹、人像 logo、亮色碰撞等这些潮流度永不减的时装元素,是无论在 T 恤或裤子上都常运用的波普元素。条纹是最常用的波普元素,平行或菱形的格纹都是波普风的常见图案,而黑白色波点是波普风中永不过时的经典,夸张的明星人物头像 logo 也是代表元素之一。色彩上,波普风常采用强烈的色彩冲撞以达到视觉上的冲击,利用大面积几何或无规则图案与亮丽色彩的完美碰撞来强化风格,这些元素及搭配都是妈妈们不会出错的选择。

Q: 如何在全身掌控好夸张大胆的波普印花?

A: 将波普风格穿着得当的先决条件一定是控制面积,因为波普格纹过度的鲜明,年龄的特性也使得妈妈们在穿着波普风时更有挑战性。所以不想太过张扬的妈妈们甚至可以将这种元素应用在配件上。比如,一个格纹手挽袋、一顶帽子或是格纹围巾。通常大格纹印花时装不会过度凸显腰身,同时面料也会稍显硬挺,所以腰腹部略有赘肉的妈妈选择这种上装可以很好的掩盖住多余的线条。身形整体较丰满的人便可以选择相对细小一点的格纹,或者是斜向格纹,这样便很轻松的在具有潮流感的同时最大程度地减轻丰盈的印象,可谓一举两得。

Q: 不同穿衣风格的母女们应该如何选择波普风亲子装?

A: 干练型的妈妈可以为自己与女儿选择波普纹的套装长裙或连体裤,妈妈外搭一件黑色西装外套就能让整体干练有型。如果是不爱穿裙子的母女俩,选择波普纹的裤子同样可以突出亮点,将波普纹运用到裤装上可以使花纹随身体走动而产生一种色彩的流动美感。若是追求穿衣搭配省时省力的妈妈,简单的 one piece 剪裁绝对是救星,波普纹的几何图案 one piece 连衣裙不仅穿搭方便,也让简约的款式变得不简单。而若是休闲风的爱好者,那么较为独特的色彩排列一定是让亲子装更加炫目的焦点,红、白、蓝、黄,四种鲜艳的色彩搭配在一起,像是一剂活血妙药,能让母女俩看起来十分精神。

 ❤ **TIPS**

以常见事物图案重复排列的表现方式是波普风格的一大精髓,但波普风格并不是单一、一致的夸张和张扬,其中混搭和节俭风格相得益彰,褪去浮躁的繁复,简单的夸张图案使人们显得格外实在和脚踏实地。

波普风母女装搭配准则

"不必担心白色会显得寡淡，通过颜色与花纹的结合展现出高阶搭配水准。"

白色针织衫更显浪漫自由

白色是一个包容的颜色，在自由随性的波普风格中同样适用。母女俩采用不同的线条和绣纹，白色配上细条纹，不会让衣服的感觉显得过于强烈，反而在保留波普风的设计中，带来一丝浪漫自由、闲适休闲的感觉。母女之间同色不同款的搭配是最好的选择。

"红色针织裙配上菱格花纹，独具个性而且朝气十足，即便是在同款同时穿在母女身上也能体现出自由和畅快。"

充满朝气的波普风情

特立独行的波普风格融入了大胆的配色和极具民族风情的细节，配上红色的针织毛衣连衣裙，加上简约轮廓的剪裁和时装风格，十分具有现代设计感。同款的搭配母亲显得十分干净利落洋气十足，女宝宝穿上则体现出小孩特有的朝气。

1mix3 的母女搭配方案

妈妈
这样穿

😊 穿搭思路:
随意的穿搭体现出自由的感觉,同色系同风格的搭配,注重色彩的搭配和花纹的整体协调性,即使衣服不同款也能打造舒适和时尚。

妈妈
这样穿

女儿
这样搭

女儿
这样搭

😊 穿搭思路:
搭配的衣服花纹强调线条,图案摆脱冷峻摩登的感觉,用抢眼的色彩和清晰的线条去表现波普风格的艺术感。

波西米亚风 元素的丰盈和多彩

波西米亚风格以独特的设计和花纹颇受人们的喜爱，其中杂糅了丰富的元素和多彩的颜色，表现出轻松浪漫的感觉，绽放时尚多元异域风情。

精美刺绣体现波西米亚特色

精美的花朵刺绣点缀在清透的布料上，打造出灵动的波西米亚风。

V 领镂空设计突出柔情

妈妈领口 V 领设计不仅和女儿的不一样，其镂空的透视效果还能突出迷人的女子柔情。

轻薄垂坠布料凸显自由

飘逸垂坠的裙摆，轻薄透气；尽显自在舒适的波西米亚风格。

浪漫裙摆展现柔美情怀

裙摆的花型拼接，加上浪漫的抽褶设计，营造飘逸浪漫情怀。

波西米亚风穿搭 Q&A

Q：波西米亚风格具有哪些特点？

A：波西米亚风的显著特点就是鲜艳的手工装饰和粗犷厚重的配饰面料。层叠蕾丝、蜡染印花、皮质流苏、手工细绳结、刺绣和珠串，都是波希米亚风格的经典元素。波西米亚风格代表着自由洒脱、热情奔放，甚至是叛逆不羁的个性态度，通常带有浓烈的色彩，轻飘飘的雪纺长裙，充满异国情调的华丽印花纹，层次感分明的搭配法则，别有风情的流苏及民俗风小配饰，这些都是波西米亚 Look 的典型代表。

Q：选择什么样的衣服材质更能突出亲子装的波西米亚风格？

A：各式各样异域风情的印花是波西米亚风的主角，而印花长裙更是波西米亚风在大多数人心中的代名词。飘逸雪纺面料因它那无比凉爽而轻盈的质地与印花裙成为"天生一对"，尤其是当妈妈们选择中长款印花裙作为亲子装时，雪纺材质独有的轻盈空气感更让母女俩看起来"精致的毫不费力"，也很适合海边度假时穿着。除此之外，经典的驼色麂皮也能展现自由浪漫的波西米亚情怀，能够显气质的长款单品也是打造波西米亚风的必备之选，在材质上自然是要选择如纯棉、雪纺等轻薄哑光的面料。

Q：如何通过配件穿搭来强化亲子装的波西米亚风格？

A：想要用配件来强化母女整体的波西米亚风，敢于尝试的妈妈们可以选择宽檐帽、大耳环、层叠的手镯等典型的波西米亚元素单品来强化风格，而给女儿的装饰则可以在发夹、项链、帽子上下功夫，选择与妈妈所用配件材质一致或色彩呼应的配件更能突出整体美感。若是在夏日，母女俩还可以共同选择罗马凉鞋来让造型感升级，缤纷活力的色彩与线条感强烈的配件组合，无论何时何地都能营造出吸引眼球的非凡效果。

Q：如何才能让波西米亚风格的亲子装不落俗套？

A：波西米亚风格带有浓烈的色彩，繁复的设计也会带给人强劲的视觉冲击和神秘气息，所以在一定程度上，波西米亚风很容易穿 Low，但大多数情况并不是因为本身的风格问题，而是所选择的款式和搭配或许很容易误入歧途。妈妈们别轻易挑战波西米亚阔腿裤这些高难度搭配的单品，母女俩各穿一条波西米亚连衣裙，选择宽松的款式，不管是在海边度假，还是户外狂欢，就算是平日穿搭也很抢镜，当然搭上及踝靴或者凉鞋也是为母女俩的波西米亚装增添亮点。

 ## TIPS

波普希米亚风并不是人人都可以驾驭，对妈妈们来说具考验性，浓重色彩印花的波西米亚风并不适合身材偏胖的妈妈，因为视觉的膨胀感会让人很吃亏，不过只要选择长袖、深 V 款长裙就能在一定程度上削弱这种膨胀感。

波西米亚风母女装搭配准则

"在细节上也不厌其烦地精益求精，将精准的色彩和线条完美无瑕的表现在布料上，在细微之处见证波西米亚的恒久流行。"

细节表现出精益求精

波西米亚风格在时尚领域之所以能够长盛不衰，要归功于细节的精致。繁复、惊艳和超凡脱俗。连衣短裙区别于以往的波西米亚长裙，这样的设计显得更为清爽独特，也更为多元化，让亲子的搭配彰显完美品质和拥有卓尔不群的个性。

"橙黄色抛离开普通的毛衣常见的沉稳颜色，大胆的用色给人耳目一新的感觉。"

热烈橙黄色诠释个性

以炫目的橙黄色和几何、线条来表现张扬的个性，赋予时尚元素全新的含义。这样的花纹和图案并没有让人觉得花哨，反而在这新奇的艺术表现形式下，刺激了表现欲。让亲子装表现出活泼跳跃，更直白地表现出热烈的感情。

1mix3 的母女搭配方案

妈妈
这样穿

女儿
这样搭

妈妈
这样穿

女儿
这样搭

😊 **穿搭思路:**
　　用单一的底色搭配高领的图案并不会显得失衡,反而还增加了衣服的整体层次感。

😊 **穿搭思路:**
　　几何纹路图案和搭配的多色色彩,用率真和个性去支配去浪漫。无论母亲还是女儿,这样的穿着总能吸引别人的目光。

民族风 拥抱色彩的恣意绽放

民族元素涵盖的内容十分丰富且各具特色，无论是中性的灰色还是百搭的白色，或是其他任何颜色，在民族风里都是一个视觉中心，通过衣服上的色彩去点缀、去搭配、去深化民族风主题。

精致泡泡袖更显可爱

小而精致的泡泡袖显得妈妈和女儿更加俏皮可爱，衬托女儿的萌感造型。

炫彩印花浓墨重彩

夸张而又醒目的炫彩印花，用浓墨重彩来彰显恣意绽放的青春姿态。

高腰捏褶尽显浪漫

腰间拼接布料，让腰部曲线尽显，不仅拉长了母女俩的身形，还极富设计感。

个性工装下摆突出个性

设计工整的下摆，将对褶的的活力与飘逸展现得淋漓尽致，突出活力个性。

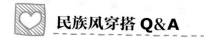

民族风穿搭 Q&A

Q: 什么样的风格才是民族风？

A: 民族风格常表现为各种带有异域风情的民族印花，奔放的非洲原住民纹样、静谧的青花瓷纹路刺绣、西西里的落寞贵族、精致的东欧立体刺绣花卉、自由自在的波西米亚风，还有原生态印第安部落图腾等。近年来民族元素被广泛运用到服装中，亲子装也不落潮流，民族风格的亲子装也应运而生。

Q: 若是选择单一的白色为亲子装的主调，如何在着装上突出民族风？

A: 融合多种颜色于一体是民族风的主调，但并不意味着白色就与民族风绝缘。亲子装可以选择廓型宽松的白色连衣裙，通过细节设计和配饰装点来突出民族风，妈妈可在腰间系上一条麂皮皮带，或是选择民族风耳环，一款绚丽的印花手拎包也有提亮整体色彩的效果，女儿可以系上颜色多彩的编织发带，或是母女俩共同穿着麂皮流苏短靴，这些细节既能强化民族风，又能为全身造型增添亮点，不妨一试。

Q: 不羁与洒脱是民族风的性格，如何让民族风亲子装也能穿出正式感？

A: 大多数人都认为民族风的衣物难登大雅之堂，但妈妈们只要在搭配上稍微下功夫，民族风的亲子装也能让母女俩穿着于正式场合。选用经典黑白两色的印第安菱形图案，呈现时尚大方的简约味道，也避免了颜色的跳跃艳丽而产生的不正式感。或是选择民族风情的上衣，无须过多的配饰点缀，下身通过搭配基本款的深色裤装或裙装来削弱不羁感。

Q: 如何避免将颜色绚丽的民族风印花穿出俗气感？

A: 民族风印花的大胆用色，可以穿出时尚和土气两个极端。要想避免穿出俗气感，妈妈们可要多花点心思。当选择花纹繁复、颜色繁杂的民族风轻薄上衣时，下装可选择简洁随性的牛仔短裤来平衡整体美感，避免上下装都选用视觉冲击感强的繁杂花纹，一繁一简的搭配原则是妈妈们需要掌握的要领。而若是选择民族风外套，打底衣服就要尽量选择饱和度低的简洁款式，这样既突出外套的亮点，又不会因为内外都选择繁复的花纹而失去造型重点变得俗气。

TIPS

亲子装并不意味着妈妈与女儿的服装是一模一样的复刻，亲子装的默契是强调服装的廓型、质地、或是花纹上的局部一致性，不一定要完全一样，细节上的一致更能看出妈妈们的搭配功力！

"通过图案语言，来表现母女亲子搭配中相同的风格和不同的设计，尽显巧妙的心思和和高明的穿搭术。"

通过图案语言来表现民族风

　　元素和风格是设计的主要构成要素，母女俩的搭配都是花朵元素，民族风风格。而不同的是，女儿的花朵是具象化的花儿，母亲的则是一个抽象的花朵元素，用这些图案语言来表现民族风。两人的设计不尽相同，但既有呼应又能做到各具巧思，比"穿同款设计"更为高明。

"在保留民族风格中进行再创造，妈妈和女儿在核心元素的带领下分别延展出率性和可爱两种面貌。"

借助核心元素统一风格

　　只要核心的民族风元素统一，即使配件和其他搭配不太一样，也能穿出母女之间的默契感。核心元素不需要过于夸张、抢眼，具有一定的辨识度，结合现代吊带、露肩的元素，配以绣花、纹饰，既保留了民族元素的味道又不失现代美。

1mix3 的母女搭配方案

妈妈
这样穿

女儿
这样搭

穿搭思路:
　　鲜艳亮丽的红色和民族风绣花图案完美结合,搭配起来相得益彰,无论女儿还是母亲都能凸显个性和韵味。

穿搭思路:
　　环形绣纹和环形花朵在设计上带有十足的异域风情,增添浓厚的民族文艺气息。

妈妈
这样穿

女儿
这样搭

47

从配件中提升亲子装速配指数

亲子装是一种爱的延伸，不仅在街头潮味十足，也能让路人感受到家庭浓浓的温馨感。不必全身上下都穿同款衣服。用配件搭配出新的亲子装，在细节处提升亲子装配指数。

从两款相似的帽子，到相同风格的穿搭，用最简单的搭配和最随意的穿搭，打造时尚默契亲子装。

🙂 利用帽子提升整体默契度

两套不同的穿搭，却带上了近似的帽子，一组完美提升默契度和造型感的亲子穿搭完美地呈现出来。帽子对整体造型有着重要的地位，这种黑毛毡爵士帽能为整体造型带来一丝帅气的感觉，并且蓝色的装饰刺绣纹带成为整个造型的点睛色彩。

母女同时穿平底鞋给人一种轻松、悠闲的感觉，也能避免母亲穿高跟鞋显得太高挑，和女儿的身高差太大，带来不协调的异样感。

👄 百搭平底鞋令穿搭显得更舒适

到了换季或者不知道如何配鞋子时，一双经典的百搭驼色平底鞋能为穿搭带来不一样的搭配感受。经典百搭的单品永远不会过时，选择舒适的、休闲的着装，或是搭配其他风格都兼具时髦，更让亲子穿搭产生不一样的闲适感，成为轻松休闲的新概念。

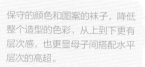

保守的颜色和图案的袜子，降低整个造型的色彩，从上到下更有层次感，也更显母子间搭配水平层次的高超。

👄 袜子让造型更时尚温暖

一双和整体搭配相融合的袜子是一套衣服中的亮点所在。选择与鞋子同色系的袜子或是稍浅的袜子能够为整体搭配带来层次感，而选择毛线混纺或是棉质袜子能为造型的质感加分。母亲可以选择不过膝的袜子来遮掩小腿缺陷凸显大长腿，而宝宝选择过膝长袜更显可爱气质。

从元素中搭配
最和谐亲子装

● ● ● ● ● ● ● ● ● ●

　　无论是俏皮可爱的卡通元素，还是随性自在的海军风元素，让众多元素融入亲子装的各类搭配单品中，用元素呼应彼此的造型，既可以更显亲子之间亲密无间的感情，又不落入俗套显得做作。结合并把握好时下流行的元素，用最创意的搭配，将元素自如运用在亲子装中。

花朵元素　姿态各异成就统一美感

　　花朵永远是女性特质的代表。纷繁绚烂的花朵元素不仅能够传递美好的心情，更是服装设计的潮流主题，或大片运用或局部点缀，姿态各异的花朵都能绽放勃勃生机，成就源于自然的艺术美感，流露更多浪漫情怀。

浪漫的艺术印花与轻柔雪纺巧妙结合，妈妈与女儿以不同的剪裁款式承载着斑斓花朵的勃勃生机，让衣服也变得鲜活起来。

💙 花朵的多元应用

　　花朵不仅象征女性的柔美，在现在的设计中还具备了不同的方向，它可以和牛仔质料融合，塑造刚柔并济的视觉效果，展现了不一样的花的姿态，又能完美融入轻柔绚丽的真丝质地，以顺滑的曲线勾勒专属于女性的温婉优雅。

　　当花朵元素以刺绣的针脚嵌入衣裙，更赋予了服装勃勃生机，让衣服的装饰感更强。将绚烂春色画入时装之中，蕾丝、欧根纱材质还能进一步提升浪漫感。含蓄雅致、细腻柔和的颜色与纤细的花朵图案表现低调的精致，逼真而生动的花朵点缀，不同材质的承载与演绎，都流露出清新自然的优雅女人味。

妈妈
这样穿

浪漫的花朵刺绣错落有致的点缀，让硬朗的牛仔平添几分柔美。

女儿
这样搭

💙 突出天真烂漫

　　花朵元素甜美烂漫的风格，能够满足孩子们对童话森林的幻想，还为孩子们提供高舒适度的出行装扮。无论是单色小花、多色彩绘碎花或是绚丽的大花图案，都既可以作为领口或是肩膀处的精美点缀，也可以像争相开放的花朵一样绽满全身。

　　无论是重工艺刺绣牛仔还是水墨晕染的飘逸雪纺，唯美浪漫的写意花朵都能被完美诠释在小小裙身之上，靓丽而充满艺术气息，而线条流畅的圆领款式，造型活泼简洁，更突显宝贝的活泼可爱。自然清新的风格，搭配孩子们红润的肤色，释放潜藏在小天使内心的纯真烂漫，让人忍不住给他们一个拥抱。

领口与底摆的花朵刺绣相得益彰，细节之中烂漫尽显。

几何元素 细节成为互相呼应的关键

几何元素从传统的几何纹饰艺术发展而来，是一种感性与理性的交织，表达个性的方式。与印花的拼接，走原始风格提炼，还有艳色的对比色块，充满几何元素的时尚服饰时而复古优雅、时而性感奔放，如今它们的频繁出没，俨然成就了现代时尚的万种风情。

不规则几何图案烘托出女儿快乐天真的风貌、妈妈自由不羁的摩登感，母女不同的韵味，碰撞呼应在一致的排列组合中。

💚 几何碰撞演绎潮人魅力

几何元素实际上是点、线、面的组合排列，源自数学的几何方块、三角、菱形、圆点，经过设计师的拉伸、挤压、堆砌或拼接，打造出简练的、炫目的、理性的、甚至是性感的几何风格。

以直线分割的块面图形刚毅俊逸，以弧线作为构架的图形柔和优雅，应用点、线、面和直线、弧线交叉使用令图案变化丰富，大块面的图案强调强烈醒目的视觉冲击效果，热烈奔放；小面积或边缘装饰的几何图案起到延续视觉的效果，也可以一个局部点与大面积图案相呼应，形成层次丰富、变化多样的图案效果，碰撞出个性十足的潮人魅力。

温暖的开衫裹紧异国风情的波普几何提花，自由不羁感扑面而来。

妈妈
这样穿

女儿
这样搭

💚 色彩纷繁注入俏皮可爱

在设计中强调新奇与奇特，并大胆采用艳丽的色彩，几何主义赋予宝贝们满满的元气与活力。在怪诞的层叠方式中，复古风、不协调的比例和图案一起营造出快乐天真的风貌，融合流行、别致的几何印花元素，为服装增添更多俏皮感。

超越季节的鲜艳调色盘显现出乐观主义，饱满的色彩和大胆的色块共同拼凑成滑稽的几何形状，并抵消了平面图案的呆板。充满活力的夺目色彩块面，图案色彩的不同拼撞，让普通的T恤告别平庸，寓意万花筒般美好的意象，动感十足的波普艺术几何汇集成独特的视觉效果。

不同色块的碰撞营造出无限想象空间，迸发青春的灵动与朝气。

刺绣元素 调和年龄差距统一优雅气韵

　　刺绣，这微带着民族风的古老时装元素，如今却也华丽转身，变成服装设计师的心头爱。像是花苞裙摆上优雅的金丝饰边，套装上流畅的花纹装饰，想要高调地时髦起来，统一优雅气韵，一定少不了刺绣元素的加持！

花叶相托的精致绣花立体逼真，为母女的素雅裙装带来源于自然的清新愉悦，丰富整体层次的同时呈现不同年龄的优雅气质。

🐱 古典绣韵勾勒现代时尚美感

古典刺绣元素或是让人尽显浪漫热情，或是增添几分叛逆野性之美，或是打造出复古巴洛克风情……如虹光般的花纹、热情活泼的配色处理，以及与手工雕刻相结合的顶级技术，轻松地让刺绣装饰成为设计师和时尚 icon 们的钟爱。

如果是平日里的出街着装，一件宝石刺绣半身裙会为你全身增加华丽精致的看点；如果是出席正式晚宴，一件铆钉刺绣礼服裙则能让你艳冠全场；而如果拥有一件华丽巴洛克风格的刺绣夹克，就能搞定帅气而不失品位的中性风格装扮。在都市风格着装中变幻古典气韵，刺绣元素以千变万化的形式灵活勾勒出现代时尚美感。

> 素雅的花鸟刺绣立体逼真，透露出大自然的清新愉悦。

妈妈
这样穿

女儿
这样搭

🐱 打造跨越年龄差的优雅气质

东方韵味十足的刺绣元素即使装点在宝宝身上，同样可以勾勒出纯粹而跳跃的优雅美感。波普几何、花鸟虫鱼、部落图腾……仿古线条中国式图案，金属织线的刺绣浮花，绚丽的色彩搭配，或布满全身，或写意点缀，具象的图案化作抽象的表达，以民间刺绣结合现代设计的手法，精雕细琢之中充满细节的立体逼真感。与流动的线条相融合营造自然的格调，为运动风注入精致感，让平淡的裙装华丽感升级，变幻莫测的刺绣图案以生动形象的质感打造出跨越年龄差的优雅气韵。

> 别致大方的贴布绣花担当主角，具有生动形象的立体感。

卡通元素 洋溢俏皮可爱的青春美感

　　如何让暗色主打的冬季衣橱更出彩？如何让成熟感的着装也能富有青春气息？让无处不在的卡通元素来解决这个难题，将卡通元素融入时装中，强烈的色彩充满青春活力，玩味的卡通形象趣味横生，时尚与玩趣总能擦出不一样的火花与惊喜。

让女儿的天真可爱更显露无疑，让妈妈轻松减龄焕发青春活力，醒目趣味的卡通元素以强烈的视觉冲击营造生动有趣的亲子造型。

♥ 运用卡通元素轻松减龄

　　将天真烂漫的卡通元素以前所未有的时尚姿态融入时装穿搭中，充满了童趣与动感，营造出充满活力的穿着享受，让人耳目一新。卡通元素在穿法上也很灵活，无论是通过趣味造型的服装与包包，把搞怪本色发挥到极致，还是小面积的点缀，打造出灵动但得体的造型，都是值得尝试的方法。

　　小西装、皮衣、西装领大衣、风衣等，这些单品虽然很帅，但是也容易显成熟、显"老气"，那么就大胆的在搭配中加入卡通元素吧！即使是简单的手绘卡通图案，也能赋予全身造型轻松愉悦的年轻自由。唤醒童心，让卡通元素搭出青春减龄范儿！

立体卡通贴布嵌入灵动的几何针织，活力感十足。

妈妈
这样穿

女儿
这样搭

♥ 让俏皮可爱尽情绽放

　　用幽默趣味的卡通图案重复点缀、整齐排列，营造出丰富的视觉元素和搭配效果；以大块醒目的形式嵌入服装，视觉冲击感强，立体俏皮而时髦；用卡通图案mix运动风潮，运动与时髦都兼具，有着让人无法忽视的存在感。

　　可爱的小动物，逗趣的卡通小人，稚雅的儿童铅笔画，还有丰富的卡通图案混织拼接，结合时尚潮流元素，加入多变的色彩，完成轻松又有趣味性的服装搭配。将体现儿童情趣特征的卡通设计元素作为服装主题，让宝宝的天真可爱、活泼俏皮的本质肆意绽放！

跳跃纷繁的色彩烘托让卡通元素更显俏皮可爱。

油画元素 感受更有质感的文艺气息

　　油画梦幻般的美引人向往，衣服也可以像油画般或浓墨重彩或淡雅出尘，穿出一身斑斓和诗意。油画感及手绘感印花效果有着丰富的肌理及视觉感，将油画的质感与花型运用到服装上，浓郁的浪漫复古文艺气息喷涌而出。

将油画的质感与花型运用到亲子装上，丰富的肌理与逼真的色彩都赋予了服装独立的生命，尽显妈妈的温婉文艺与女儿的小家碧玉。

♥ 用不同画风诠释复古文艺范

　　时尚与艺术，一直都是美丽的双生花，设计师们把油画名作搬上优雅的衣裙，创造了一种新式潮流。油画风格色彩丰富逼真，立体质感强，运用活跃的笔触，在画面的许多部位形成色彩的对比，增强了色彩的明亮度和华丽感。色彩层面在挤压中互相渗化，画面给人扑朔迷离的效果，有的甚至充盈着神秘与不安的气氛。

　　无论是印象派风格的抽象色彩，还是自成一格的完整画作，无论是巴洛克风格的图案、水墨油彩的古典花卉，还是神秘的部落图腾，都赋予了服装独立的生命，极富表现主义，表达出无可复制的魅力，穿出十足文艺范。

如画家名作般的油墨色彩覆盖衣身，表达优雅精致的浪漫。

妈妈
这样穿

女儿
这样搭

♥ 油画图案面积的巧妙运用

　　水彩油墨画质感的写意印花总能在不经意间以灵动翩然的姿影吸引目光，淡淡的晕染色彩，给人美好的艺术感受，搭配流畅的廓型与对画面面积恰到好处的拿捏，更显油画文艺风的复古浪漫。

　　抽象派图案融入擦肩设计，不会给人带来眼花缭乱的视觉负担；在裙摆上的肆意绽放而巧妙地适度留白，打造轻松惬意的清爽感受；当复古油画元素 mix 动感活力的运动系列，绚丽的花朵融合张弛有度的光泽感弹力针织布，凸显出刚柔并济的美，即使是大面积的元素展现，也能在色调的统一与包边处理中平衡整体的和谐美。

绚丽的色彩带着满身花香，像是步入了童话里的梦幻森林。

海军风元素　随性自在扑面而来

　　又到了一年中最为秀色可餐的度假季节——蓝天白云、暖阳普照、轻风拂面的海滩，是让人心驰神往的度假圣地。在一片幽蓝的风和日丽下，身着凝聚着海天颜色的海军服，让惬意随心感跃然而出，身在都市的身体与向往大海的灵魂之间，距离咫尺。

清新的海军条纹为妈妈与女儿带来如海边度假般的轻松状态，蓝白配色碰撞穿着上身加倍精神，更显夏日阳光气息。

♥ 简洁大方彰显随性主题

大海总能带给设计师无尽的灵感、浪花、海洋生物、水手的着装，以及一切航海的用具在设计师的眼中都充满了生命的活力。于是横竖条纹、锁链图腾、徽章饰品，圆形纽扣……这些元素都尽情呈现在各色服装、配件中，将独具品位的航海风情表现得淋漓尽致。

但无论是何种形式的表达，以简洁大方的廓形给予人们海边度假时的轻松状态，以针织、丝质绉织和雪纺丝等轻柔物料为主，再加之蓝色、白色、黑色等明快清晰的视觉色彩，尽情享受如海边度假的优雅与放松，才是海军风服饰所要传达的最佳感受。

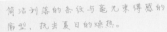
简洁利落的条纹与毫无束缚感的廓型，抗击夏日的燥热。

妈妈
这样穿

女儿
这样搭

♥ 条纹元素的多样化运用

最能代表海军风的服饰，非条纹衫衫莫属，大部分航海装都用上间条设计，无论是粗间、幼间、斜间，各适其所，颜色就以传统蓝白间条同红白间最受欢迎，各种形式的条纹衫是演绎航海风格不可缺少的单品。

如果觉得条纹太过单调沉闷，可以选择其他同海洋航海有关的图案相间，以船锚、海鸥图案最热门，加上鲜色设计，穿上身加倍精神，更显夏日阳光气息。在款式上的精心设计，也能打造出浓郁的海军风，尝试方形大翻领水手衫设计，让普通的条纹衫更添俏皮可爱的气息。

大人感的条纹衫与俏皮的蛋糕裙，穿出别样的随性惬意。

中国风元素 诠释静好岁月

中国传统服装具有深厚文化底蕴，中国画风的印花与刺绣，华丽的绸缎面料，中国特色图案，旗袍式结构……无一不透露出中国情调。悠远的东方文化已不再只代表传统和国粹，她快速成为一种流行于国际的时尚。

妈妈与女儿胸前都嵌入中国画风的织锦刺绣，融合蕾丝与雪纺的轻柔材质、收腰剪裁的立体版型，让中国传统风范演绎出时尚的前卫看点。

💜 传统元素突出古典温婉气质

中国风的服装有一种沉静气质和浓厚底蕴，在奢华当道、热闹缤纷的伸展台上，它永远是一道让人流连的美丽风景。旗袍是中国传统服饰的极品，最能体现出东方女性的个人魅力。旗袍式披肩立领、侧衩、盘纽等经典元素也是极为常见的。

中国江南特色的织锦刺绣也常被直接运用于各大品牌的服装面料上，最常见的是栩栩如生的刺绣花朵，或镂空或采用凹凸不平的刺绣方式，在面料的表面上展开花朵妖娆的姿态，让面料充满了立体感。传统的中国元素让服装饰品有了一种浓郁的情结回归，让古典温婉气质尽显。

滚墨重彩在古色古香的旗袍上领鸿，就如从水墨画中款款走出。

妈妈
这样穿

女儿
这样搭

💜 适当点缀让中国风蔓延

以中国传统元素作为灵感来源，表现出不同凡响的生命力。织锦刺绣、泼墨手法、旗袍结构、民族图案、青瓷花瓶等都是中国风的服装常用元素，但如果大面积地在宝宝身上运用，容易造成一种超越稚嫩年龄的过度成熟与沉闷感，巧妙的点缀也能带来不一样的古典气韵。

在衣服边角的摹画，图案醒目却有空余部分给人以想象的空间；与连帽衫的跨界搭配，只在口袋与袖子处勾勒绣花，相互呼应又能达到整体平衡；以低调的镂空刺绣手法在领肩处呈一字展开，精致考究的细节让平庸的 T 恤质感升级。

肩部撞色拼接融合中国风的写意花卉，碰撞不一样的味道。

手绘元素　感受细节中的点滴美好

　　日常出街，能轻易俘获众人目光的必定是衣着上洒脱的手绘花朵。出自于艺术家笔下的大胆艺术画笔效果，油漆和墨水飞溅效果进行局部或者整体运用让人目不暇接，而那些"手作"味道浓厚的手绘印花形式也带来别具一格的艺术效果。

妈妈与女儿都将看似随性的涂鸦却是童真十足的平涂插画同时上身，载以不同的款式更彰显鲜明的个性感，让人耳目一新。

❤ 不同质料的表达各异

不同材质的服装有着肌理与质感的差异，或浓墨重彩，或精雕细琢，选择最佳的表现方式将手绘图案搬上服装，才能充分展现衣服美的精髓。

服装的质地和衣纹的类型取决于纺织品的种类，如毛料服装皱纹少，挺阔有型，棉料服装褶绉多，且细碎无规则，丝绸织品比较柔软，褶纹较多而且长，褶线多呈弧形显得轻飘。在毛料上运用手绘，要用轮廓较鲜明的图案，在丝织品上线条可细致入微，色调要淡而柔和，烘托绸缎的光感，轻柔的丝绸与蕾丝面料令服装格外细腻与精致。手绘图案的装饰效果在此时发挥到极致。

油画印花裙的复古韵味搭配针织衫，让优雅气质张弛有度。

妈妈 这样穿

❤ 细腻的笔触更显质感

天然手绘风图案为服装带来新颖印花潮流，而细腻的笔触与细节之中的用心更能彰显别样的气质。将手绘元素搬到宝宝的服装上，飘动轻盈的衣服仿佛制造了一个神秘的童话，里面充满了茂盛森林、娇艳花朵、蔓生植物，运用细腻流畅的线条和柔和色彩进行描画，整幅画面栩栩如生，外观轮廓因此更具立体感。

除了普遍运用的花鸟草木，随性的涂鸦、玩味的线条、趣味的印花图案、卡通简笔画风也是充满艺术与时尚感的尝试，无论是童真的平涂插画，还是艺术的勾勒刻画，都能透露出宝贝们纯真无邪的天性。

女儿 这样搭

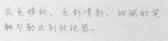

花色雅致，色彩清新，细腻的笔触勾勒出别致视感。

近似元素也可以产生奇妙互配效果

　　亲子装一定是穿着颜色款式完全一致的服装吗？摒弃这样的思维定势吧！将两种相近却风格各异的印花元素同时上身，不仅能碰撞出更加活泼、跳跃的律动感，也能在色彩、材质或款式的共有因子中得到平衡，打造出既碰撞又统一的和谐美感！

♥ 抽象混搭民族

　　没有固定模式的抽象图案，用斑斓的颜色与不规则图形交织出独特视感，而富有民族风情的图腾花纹同样以无定式的线条彰显美感。妈妈和女儿整体装束的主色都为橙色与深蓝色，使得原本并不相通的元素在色彩的主导中和谐碰撞，上下装色彩巧妙呼应的组合也显示出高超的搭配功力。

混搭速成秘诀：

　　在同一个主色的领衔下，混搭较容易成功，因此尽量在同一个主色或者色系中发挥混搭创意。

即便是风格各异的衣服图案，也能在母女上下装的颜色呼应中变得和谐相通。

♥ 中国风混搭油画

　　传统中国画风的印花刺绣传递出的是古典温婉气质，但当它融入休闲感十足的运动套装时，也能与具有抽象意味的油画花朵交相辉映。不同元素以同样拉链夹克式的套装款式作为载体，在迥异的风格中相互呼应又能达到整体平衡，碰撞出潮味十足的街头运动造型。

混搭速成秘诀：

　　即便是跨度较大的两种元素，在同样的衣服颜色与廓型中也能展现出和谐共存的姿态。

古典气韵的中国画风与时尚雅目的油画花朵也能碰撞出十足潮味。

💙 花朵混搭卡通

　　妈妈上衣上错落分布的精致绣花，宝宝针织衫上大片醒目的卡通图案，本无契合的共同点，却在颜色的把控中收获意外的视觉和谐。上下装都采用相同的颜色，即使是不同质料与不同的下装款式，也能相互调和而成就跳跃灵动又活力十足的亲子装扮。

混搭速成秘诀：

　　色彩统一的主导赋予了风格迥异的混搭创意更多的可能性，女性的专属柔情与宝宝的天性可爱碰撞出亦动亦静的时尚新鲜感。

绣花的精致浪漫与卡通的俏萌可爱，以各异的姿态打造出和谐假日出行 LOOK。

💙 民族混搭几何

　　时尚与玩趣总能擦出不一样的火花与惊喜，散发别样活力的民族刺绣 mix 玩味工整的几何线条，"牛仔"这个共有元素让它们和谐统一。裙装的加入更丰富了整组搭配的造型层次，特立独行的气质碰撞率性甜美的气息，有着让人无法忽视的存在感。

混搭速成秘诀：

　　材质的一致与色系的相近，也能平衡整体提升质感，为不同元素的混搭带来出乎意料的绝佳效果。

将精致的民族与几何绣花统一在硬朗休闲的牛仔装扮中，打造率性自在的时髦度！

从质料中感受
最温馨亲子装

父母总想给予孩子最全方面的呵护，其中，每天都会接触孩子稚嫩肌肤的第一件物品便是服装。所以关于衣服材质的选择会直接影响到孩子对于穿衣的感受。既要绞尽脑汁地将宝贝打造得与众不同，又要花心思挑选一组柔和材质的亲子装，与孩子共同享受来自衣服的舒适体验及温馨的亲子之乐。

蕾丝 诠释柔细触感下的情感

　　标榜女性浪漫的细腻蕾丝不仅是妈妈的专属，女儿的天真可爱也能为轻薄的蕾丝带来别样的甜美娇俏。以不同年龄特质诠释不一样的清透质感，让百变蕾丝为亲子装注入丝丝相扣的浪漫精致与柔软风情。

女儿的清新俏皮与妈妈的成熟柔美通过细腻的蕾丝交相辉应，选择轻柔的白色上身更彰显蕾丝的浪漫精致。

蕾丝是一种同时具备妙龄和成熟美感的"双关"质料，不需要太复杂的剪裁，一旦运用就能将浪漫赋予一身。需要注意的是，搭配蕾丝未必要"一柔到底"，适当运用一些活泼外向的单品也能让蕾丝更有张力。

享受蕾丝亲肤的细腻触感，与妈妈一同沉浸在午后的柔软时光。

♥ **穿搭达人课堂**

柔美蕾丝也可以混搭多种风格

蕾丝的精致往往被用来演绎甜美娇俏，让孩子穿着上身如小公主一般的温婉优雅。青青认为，蕾丝不仅仅拥有柔美可人的一面，它还能与其他质料混搭出多种可能。如果孩子穿着蓬蓬裙样式的蕾丝裙，可以与硬挺帅气的皮衣或挺括有型的西装相搭，呈现出柔中带刚的甜美帅气；腰间系上格纹衬衫或是上身搭配慵懒松垮的粗针毛衣，日韩休闲范立显；还可以用朋克感的小配饰、小礼帽等中和蕾丝的甜美，让偏好休闲风的"假小子"也能驾驭蕾丝单品。

穿搭达人 @青青

❤蕾丝大面积搭配方法

　　由于蕾丝面料自身的花型纹理非常丰富，因此即使在一件衣服上通身运用，也不会让人觉得乏味。用于简洁至极的款式，以大面积的蕾丝覆盖来展现其独特的视觉美感。若妈妈与女儿的上衣都运用大片蕾丝，下装就要保持适当的简洁，避免通身装饰过于烦琐。

other choice

Other Choice

妈妈与女儿都以蕾丝与牛仔的搭配诠释出刚柔并济的美感，和谐统一又在不同年龄上呈现出不同的韵味。

牛仔裤膝上的绣花与拼布的衔接，与上衣的蕾丝拼接设计相映成趣。

和蕾丝上衣搭配的牛仔裤拥有漂浅的印花图案，减弱了硬朗感，让全身在质感上达成统一。

纯色与稍加点缀的简洁下装会让上衣的大面积花朵蕾丝更具表现力。

形态各异又富有趣味的图案在上下装中都得到了彰显与呼应。

❤ 蕾丝小面积搭配方法

　　蕾丝面料可以在袖口、腰部形成多余褶量，打造多样的层次感。大面积蕾丝营造的美感是大家闺秀般的清纯，而作为点缀的蕾丝则是小家碧玉般的淳朴。在把握好分割比例的基础上，蕾丝面料与其他面料拼接运用也能产生有趣的效果，为妈妈与女儿的服装增加层次感与精致感。

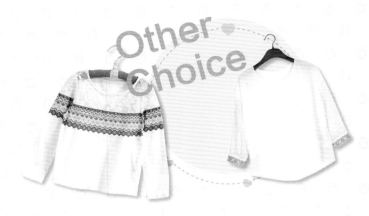

Other Choice

选择合体的休闲牛仔下装让妈妈与女儿上衣的不规则下摆更有张力，也赋予蕾丝更平易近人的意味。

极富特色的印花以不同面积散布于上衣与下装，让蕾丝更有别样风情。

短裤下装边缘的蕾丝拼接与上衣领口处的蕾丝绣花遥相呼应。

在下装中加入印花的点缀，使同样花朵萦绕的蕾丝上衣更具浪漫柔情。

简洁清透的上衣搭配富有层次感或印花丰富的下装保持全身轻重平衡。

妈妈的蕾丝衣库

蕾丝能和很多风格和元素
兼容，呈现的是不俗的质
感和品位。

形态各异的花朵蕾丝为不同廓型带来百变趣味与清透质感。

雪纺 装点透明夺目的美好时光

如果需要一种母女都能自在穿着的衣料，那么一定非雪纺莫属。雪纺既能打造清新优雅的妈妈，也能成就灵动天真的女儿，让柔和及飘逸成为母女亲子装的动人特质。

蕾丝与雪纺的叠加、半透明质感与雪纺的缥纱融合，空气感十足的亲子装扮，让精致的绣花也变得轻盈起来。

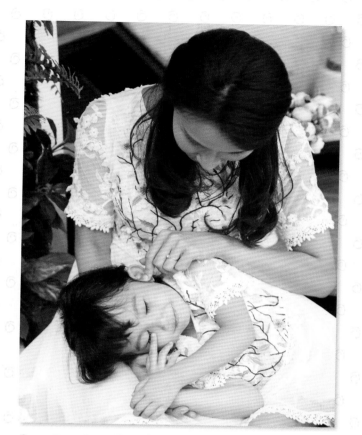

💙 用雪纺抒写轻盈浪漫

　　雪纺具有极佳的垂缀性、轻薄飘逸的触感及具有穿透性，带有浓厚的浪漫意象，不仅能为都市生活中过分秩序的着装带来柔性的力量，也能让妈妈与女儿用不同的年龄特质诠释各具特点的轻盈浪漫。

卸下繁琐厚重，让轻薄雪纺透出母女间相偎相依的幸福微光。

💙 穿搭达人课堂

既能独当一面又能做层次配角的轻盈雪纺

　　仙气十足又飘逸轻柔的雪纺具备足够的舒适柔软度与清凉透气感，能同时满足妈妈与女儿轻盈舒适的着装要求。不必迎合市面上一些夸张造型感的艳丽着装，轻薄的雪纺面料更能为母女的穿着带来时尚与舒适兼具的质感。温柔的材质不需要过多的修饰，既能轻盈上阵又能充分展现自己穿搭品位的雪纺单品，能将清爽和精致全部一件搞定。即使是寒冷冬日，在厚重的大衣或毛衣底部微微露出雪纺荷叶边也能在丰富层次感的同时注入柔软风情。

穿搭达人 @ 爱蜜粒特

💙 雪纺大面积搭配方法

　　妈妈的成熟优美能驾驭大面积雪纺的单品，如果希望突出摩登感，可搭配休闲单品调和风格。女儿的天真可爱适合短款雪纺单品，摩登元素即使用得比妈妈少，依旧让人觉得轻盈乖巧，这是年龄特质的优越性。

用柔粉色下装来突出女儿的甜美，妈妈则可以选用丹宁牛仔相搭来中和过分甜腻的整体效果。

合体的下装让上衣的腰部抽褶设计更有表现力，雪纺荷叶底摆营造浪漫可爱。

短裤下装地适当"露肉"缓和了蝙蝠袖宽褶雪纺上衣带来的烦琐累赘感。

♥ 雪纺材质的延展搭配

轻柔雪纺与质地硬朗的单品相搭能来刚柔并济的和谐美感。

下装选择合体的剪裁与款式才能突出雪纺上衣的腰部层次感设计。

💗 雪纺小面积搭配方法

在服装中加入轻柔与丝滑的雪纺就能注入一缕柔美的女性魅力，温柔的材质不需要过多的修饰就能衬托出空灵的气质。无论是妈妈还是女儿，在服装中加入通透的白色、裸色雪纺，都能让亲子装呈现出清透可人的轻盈视感。

妈妈与女儿的上衣都在肩膀处别出心裁，下装选用不同颜色让整体组合不会因为大面积浅色的覆盖而失去视觉重点。

精致的立体绣花从上衣蔓延到下装，精雕细琢的花朵纹路让全身素色也不显乏味。

以上衣图案的颜色作为下装的主色，在颜色对比中打造视觉的平衡感。

雪纺与蕾丝的完美融合，能
与各式下装碰撞出柔情浪漫。

无论是花色还是单色下
装，都能给干净利落的雪
纺上衣带来不同韵味。

雪纺面料因它那无比凉爽
而轻盈的质地与各式印花
成为"天生一对"。

既能轻盈上阵又能增加清凉度的雪纺单品，让宝宝尽显活泼可爱。

棉质 呈现舒适自在的周末姿态

　　让孩子全身穿着舒适，是每个妈妈倾心努力的追求，棉质衣物则是满足舒适需求的最佳单品。萃取天然成分，以柔软亲肤的特质呵护孩子的肌肤，以自然简洁的情调赋予妈妈素雅温婉的气质，让亲子装呈现最放松的闲适姿态。

纯棉套装色调搭配素雅而爽净有力，零束缚感的天然质料让妈妈与女儿感受从内而外的自在闲适。

回归本真的舒适主张

　　棉质织物具有吸湿性好、耐热、吸汗肤触感好等优良特性，是各种贴身衣物的良好材料。穿着纯棉质感的衣服，不仅体现了妈妈对高品质生活的追求，更是对孩子及自身健康的一种贴心关怀。让肌肤畅快呼吸，回归更真实、更清闲、更简单的生活本真。

充满亲和力的棉质亲子装，让宝宝的每一步都渗透妈妈的细心呵护！

穿搭达人课堂

天然棉料是母女衣橱的首选佳品

　　没有真丝的细腻，没有网纱的清透，棉质衣物以其独有的素朴姿态令人难以舍弃，也是 Sherry 与其女儿衣橱中最常见的质料。Sherry 认为，相比于涤纶、化纤类的服饰，取材天然的纯棉质料更趋向于环保，穿在身上对皮肤的伤害也是服饰材质中最低的，也更适合春秋季穿着，粗疏有致的纹理让吸湿透气变得简单可行。没有过多装饰的 T 恤卫衣与简单的休闲裤装，再搭配一脚蹬的懒人鞋，是 Sherry 与女儿周末出行最喜欢也最舒适的造型。

穿搭达人 @Sherry

💙 棉质大面积搭配方法

健康的美是靠自信来诠释的。大面积地使用棉质材料，没有蕾丝绣花，没有珠钻点缀，却处处体现自信和优雅。长款棉质上衣都能让妈妈与女儿显现出娴静温柔之感，下装选用素雅的搭配更凸显由内而外的舒适放松与十足的亲和力。

Other Choice

妈妈选择了保守的穿衣方略，女儿可以选择背心款式，用棉质面料互相搭配，精心亦漫不经心。

领口的明线装饰，其简约的线条带来自然的淳朴感，腰带的装饰拉长腰身比例。

前领口的几何纹样绣花，工整而又带着异域风格，并且领口较深，夏季穿着清凉舒适。

合体贴身的裤装对上身较为宽松的棉质上衣在视觉上进行收紧，打造层次感。

素色上装的设定让下装具有更多选择性，甜美、花哨的单品都能与宝宝的天性契合。

💙 棉质的小面积搭配方法

　　小面积地使用棉质材料并不会使人忽略棉质布料的存在，棉质的天然特质让人有返璞归真之感。在亲子装的搭配中，少量地使用令人感觉到舒适，尤其是加入了刺绣等元素，在简约中透露着些许俏皮与复古，也可以避免棉质不抗皱的特性让衣服质感无法完美呈现出来。

Other Choice

女儿的整体装束凸显花哨繁复，妈妈则可以选择素洁的搭配方式，一繁一简的互补让整体组合更显和谐。

素雅的刺绣加上有领设计，吐露浓浓的文艺气息，展现低调简约格调。

小巧的花边向前在领口，棉质的布料加上精致的绣花更显甜美气质。

♥ 棉质的延展搭配

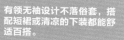
有领无袖设计不落俗套，搭配短裙或清凉的下装都能舒适百搭。

甜美柔软的上衣可以搭配短裤或有层次的蛋糕裙更显可爱活泼。

♥ 妈妈的棉质衣库

棉质衣服属于百搭万用单品，无须做过多的点缀就能打造自然大方的舒适。

宝宝棉质衣裤则可以适当地加入印花刺绣、贴布提花等工艺进行点缀，增添亮点。

牛仔 帅气自在的零束缚穿搭

作为时尚界经久不衰的穿搭圣品，牛仔单品不仅能让潮流演绎高街时尚，也能为妈妈与女儿打造炫目的率性穿搭，并以柔软又挺括的材质与极具包容性的特质给母女以舒适与时髦度兼具的穿着体验。

硬朗宽松的牛仔外套与轻快裙装相互补给，既减退了牛仔过多的休闲感，又综合了裙装的甜美飘逸，母女各选择颜色不同的下装在对比中彰显个性。

♥ 随性舒适的时髦态度

    牛仔这个利用斜纹织法编织而成的布料，不管是休闲风、都市风、运动风还是其他多种风格，都能巧妙地融入其中，并为穿着带来随性与舒适的态度。除了选择基本款衬衫、裤装，还可选择拥有新鲜廓型或拼接元素的牛仔单品，让它成为亲子造型的点睛一笔。

用牛仔彰显舒适随性，让妈妈与女儿共享闲暇的欢乐时光。

♥ 穿搭达人课堂

经典牛仔这样穿更有看点

    牛仔单品最大的优点就在于富有硬朗休闲的造型美感，且越来越多的加工工艺如磨白、猫须、做旧等细节处理效果尽情展现着牛仔布料的独有魅力。选择牛仔单品时，皮肤白皙的妈妈与女儿可以选择浅一些、纯粹一些的牛仔蓝，而肤色稍微黝黑的母女选择深沉一点儿的蓝色更适宜。秋冬时的牛仔夹克很容易穿出层次感，羊毛衫与针织围巾都是绝佳的搭配，即使 double denim 的装束也会产生不俗的效果，但注意上下装要采用不同颜色的牛仔布料。

穿搭达人
@ 卖男孩的小火柴

💗 牛仔大面积搭配方法

　　全身上下穿着相同元素的单品是当下流行的穿搭法，牛仔也不例外。以牛仔衬衫及牛仔裤来打造简单而率性的 All Denim 亲子风格，因为材质和色系大致相同，只要掌握好深浅度的对比，就能平衡整体提升质感。配合卷袖、随兴扎入裤头或是折裤管的小技巧，即可为你的牛仔亲子 Look 带来出乎意料的绝佳效果。

妈妈选择色深质厚的牛仔外套，女儿则另辟蹊径，都选择了轻快的单品，两个极端各有美感。

黑色下装有力地调和了大面积的牛仔深蓝，针织衫与围巾的搭配是点睛之笔。

将不同蓝色搭配到一起会有不俗的效果，上下装的深浅互补保持全身平衡感。

98

上装为廓型宽大的牛仔外套，下装就要选择贴身合体的裤装或包臀裙。

牛仔衬衫能与多种单品搭配出百变风格，但上下身布料要选用不同颜色。

❤ 牛仔的小面积搭配方法

　　牛仔作为内搭，能为单调的外套增加细节感；作为外套，能提升率性自在的时髦度；而硬朗的牛仔与温婉的蕾丝雪纺碰撞，能带来刚柔并济的造型感。即使是将牛仔衬衫系在腰间，无论是何种颜色或是款型的服装，都能划分身材比例，增加着装层次感，为妈妈与女儿打造帅气自在的零束缚穿搭。

Other Choice

妈妈用流苏下装呈现异域风情，女儿则用荷叶裙摆透露俏皮甜美，风格各异也能在丹宁牛仔的主导中成就和谐美。

最原始的白T配牛仔的返璞归真之感，与流苏麂皮裙完美演绎野性风。

红色荷叶裙与夹克上的立体绣花减弱了牛仔的刚硬，凸显甜美活泼。

牛仔外套搭配修身铅笔裤，
能轻松将身体曲线完美修饰。

印花下装或温婉的蕾丝裙
搭配绣花牛仔上衣，打造
俏皮活力 Look！

能与多种风格与廓型并存
的牛仔，轻松地在休闲与
正式之间游走。

百搭耐磨舒适且能打造多
种风格，牛仔也是宝宝衣
橱的必备单品！

针织 体现质感中的细腻柔情

　　相较于西装外套的一板一眼、运动夹克的随意冲动、牛仔单品的硬朗厚实，针织衫以其柔和的线条、多样性的轮廓和面料的"存在感"更博得妈妈们的喜爱，一针一线间不仅编制出女性专属优雅和性感，还能为妈妈与女儿的亲子装带来细腻的柔软温情，在针织的经纬间打造出各具韵味的大小姿态。

跳跃而丰富的几何肌理让针织开衫看起来独具神采，搭配简洁有力的牛仔下装，软硬的材质对比丰富了亲子装的层次感。

一针一线中的细腻柔情

针织衫针织物质地松软，舒适透气，无束缚感，亲和力十足。当妈妈们面对众多的款式六神无主时，一件能驾驭春夏秋三季的针织衫就能同时满足妈妈与女儿的需求。无论是单穿或是随性的搭配衬衫、连衣裙或作为内搭，都能提升亲子装整体的儒雅气质，正式休闲风格浑然天成。

细针密线中融入午后暖阳，绵绵暖意在母女间无声弥漫。

穿搭达人课堂

让温暖与时髦共存的万能针织

针织衫是秋冬季节里出镜率最高的单品，其得体的款式、完美的选材不论是搭配休闲牛仔、风衣外套或是棉质衬衫都让人惊喜，是妈妈与女儿春秋冬三季的衣橱必备。尤其是夏末初秋的换季时节，面对空调环境与昼夜温差，既要御寒又要突出造型，针织衫可谓是必备利器，一是它的实用性强，能轻松应对各种气温，二是它的种类繁多款式各异，能迎合各种风格需求。都说针织衫随意百搭，但是只有懂得针织衫各自独特的属性，才能穿出它的时髦感和趣味性，塑造自己独有的美好气质。

穿搭达人 @ 心心陆

♥ 针织大面积搭配方法

　　针织衫是妈妈与女儿秋冬衣橱的必备单品，慵懒又不失甜美，并且还有双V领、无规则身型、连身裙、超长款马甲等多种设计可以尝试，不会对妈妈的身材有过多的挑剔，也能给宝宝更舒适的温暖。宽松及长款针织衫用围巾、腰带来加以点缀，内搭长款衬衫露出衣角或领口，都是升级穿搭术。

Other Choice

妈妈选择长靴及适当露肤穿出率性摩登之感，女儿用百搭的牛仔呈现乖巧，风格各异打造不同年龄的美感。

无扣大翻领针织外套搭配短裤与及膝长靴，巧妙的"露肉"时尚度飙升且拉长身材比例。

休闲随性的牛仔下装让充满异域风情的针织上衣更凸显无拘无束的率性与自由。

♥ 针织材质的延展搭配

上衣的宽松廓型能修饰不完美的身形，搭配紧身裤或黑色 leggings 休闲又不失时尚。

不规则下摆的图腾针织开衫就是全身主角，千万不要让花色下装与之相搭。

🖤 针织的小面积搭配方法

　　短款针织衫也非常受到妈妈们的喜爱，它有利于身材比例的修饰协调，如果拥有别致的细节，就能在整体搭配效果上轻松加分。只要掌控好色彩之间的协调搭配，不管是同一色系还是亮色拼撞都不妨一试，色调层次鲜明，最常见的基本款经过巧搭一样能打造出与众不同的亲子装扮。

趣味图案凸显女儿的天性可爱，撞色拼色让妈妈更具个性潮感，两者统一迸发出年轻时尚的活力。

针织上衣大胆的拼接撞色玩味又时尚，亮黄色内搭既能完美过渡又能提升亮点。

加入趣味的卡通元素使平淡无奇的针织衫瞬间减龄，搭配翻边牛仔下装更活泼俏皮。

♥ 针织材质的延展搭配

选择低调简洁的下装，让撞色拼接的针织上衣更有存在感。

无论是甜美裙装或是率性牛仔，都能与针织上衣完美相融。

亲和力十足的针织衫极具
包容性，能与多种元素和
谐共存。

为针织加入更多趣味元素，让宝宝在舒适中也能尽显活力。

毛料 给予肌肤最真切的温暖

在冬日里能给予妈妈与女儿最亲肤的温暖与最舒适的穿着体验，无疑非毛料衣物莫属。无论是毛呢、毛线或是羊毛，毛料质地都能以各种姿态与剪裁创造出温暖而有风度的亲子穿搭。

低调而别致的针脚更为彰显毛衣的精良质感，妈妈与女儿都选择裙装搭配让整体造型增添轻盈感，温暖而甜美。

无论是毛呢和针织毛线，都能在秋冬季节让妈妈与女儿穿出温暖宜人的感觉，但想穿出风度又能保证温度，一定要选择合适的款式和材质将臃肿的感觉去除，并且根据风格加入不同的元素，打破传统固式，不论哪种毛料选择和穿搭，都能展现兼顾温暖与时尚的默契母女装。

亲肤的毛衫，温暖的屏障，妈妈的爱让宝宝的冬天没有严寒。

💜 穿搭达人课堂

毛衣这样穿能从视觉上轻松"减重"

毛衣是秋冬必不可少的单品，上身穿着简单几何宽大版型的毛衣，下装用简单修身的打底裤收缩上身的膨胀感，上松下紧的法则是好身材的关键，这也是安琪妈与女儿最爱的亲子穿搭。安琪妈认为，即使是身材并不纤小的胖妈、胖妞，也可以通过深浅层次穿法来让毛衣"减重"，深色毛衣外套内搭浅色单品不仅层次丰富，且修饰身形，避免选择过于复杂的花纹和色彩，选择颜色对比小的深色毛衣更能显瘦。

穿搭达人 @ 安琪妈

🎀 毛料大面积搭配方法

　　在毛料大面积运用的方法上，需要值得注意的是，一般毛料都会显得臃肿肥大，让妈妈在视觉上徒增膨胀感，也会给宝宝带来拖沓不适的穿着效果。所以在穿搭的过程中，可以通过较为紧身的袜子或打底裤搭配毛线针织或毛呢大衣来收紧整个搭配，令搭配看着更有层次感，也会使个人风格更为突出。

妈妈用长靴打破毛呢大衣的沉闷，女儿选用保守穿搭来保证温暖，不同下装诠释了长款毛呢也具有灵活搭配性。

收腰设计简洁利落，毛呢的质感让服装更为挺括有型，尽显干练、优雅气质。

几何图案与波普风格的碰撞，明晰茧型轮廓，演绎慵懒可爱的气质。

♥ 毛料材质的延展搭配

理性的藏蓝色可以搭配其他许多冷色调的打底裤，让率性质感自然流露。

经典的印花与包边带来童趣与活泼，在裤子的搭配上选择有类似或相同图案的花纹即可。

❤ 毛料的小面积搭配方法

　　小面积的运用毛料穿搭，可以避免毛料的厚重感，一般多用于设计短款或拼接的衣物。这样的设计可以拉高腰线，增加腿部比例，不仅让妈妈看上去更为修长，也让女儿更显个高，同时还能满足服装对保暖性的苛刻要求，是灵活运用材质拼接的聪明穿搭。

不管是女儿的轻快半裙，还是妈妈的优雅连衣裙，都能与短款毛衫搭配出凸显身材优势的时尚造型。

立体绣花融入挺括的运动版型，为衣着注入运动与民族混搭的潮流复古风。

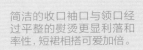

简洁的收口袖口与领口经过平整的熨烫更显利落和率性，短裙相搭可爱加倍。

短款毛料上衣风格多帅气简洁，加入紧身裤或假两件裤裙令短款外套搭配更有风范。

裙子或短裤都是宝宝搭配短款毛料上衣的经典，轻松穿搭出休闲舒适的日常装扮。

舒适而又松软的毛料衣物不仅厚实保暖，还能包容各种潮流艺术元素。

通过高超的染色技巧，令儿童的毛料衣服呈现出多彩的颜色，也让宝宝穿得更为活泼俏皮。

从色彩中收获
最亮眼亲子装

● ○ ○ ○ ○ ○ ○ ○ ○ ○ ○ ○ ●

亲子装颜色搭配中，同色系的色彩搭配往往最为常见，这类单品也最容易找到合适穿搭的衣物。通过配色的规律来搭配，以此来达到整体色彩和谐的目的。将色彩运用到极致，无论是何种颜色穿搭在身上，都能收获最亮眼的亲子装。

薄荷色 创造如风般清新风尚

　　薄荷色更适合自然、清爽的感觉，将这种色调运用在衣服上，可以让人没有厚重、臃肿的感觉，反而能展现出美好的轻盈与舒适，并且这种色系的衣服更让大多数的人轻松驾驭，更是沁人心脾。

勃勃生机在清新柔情的薄荷绿色上充分体现，小小的刺绣花朵不仅表现的是一种精致细腻的美感，更是一种对美好生活的向往。

♥ 薄荷色的清新感受

薄荷色比绿色更内敛、平和，让默默温情注入母女俩的衣着之中。薄荷色的水感、色感会让人感觉不到色彩的存在，不刺激视觉，更具文人气质，也更能诠释出材质的飘逸姿态，以及清爽舒适的感觉。

爽朗的笑容带着最真实的爱，女儿搂着妈妈的肩膀就像搂住了全世界最独一无二、最深沉的爱。

♥ 穿搭达人课堂

能为配饰添彩又百搭的薄荷色

薄荷色是多数人的爱用色，因为它象征着美梦和幸福，这样浪漫而又清新的颜色，受到了大多数妈妈的喜爱。在与薄荷色相搭配的颜色中，选择白色、浅黄色、灰色等明度较低的颜色都可以突显妈妈和女儿小清新的风格；当用作配饰点缀薄荷色时，又可以演绎出俏皮又甜美的感觉。而当像这样将薄荷色小面积地运用在配饰上，即使是肤色偏黑的妈妈与宝宝都能够轻松驾驭。

穿搭达人 @ 邵琳 COCO

♥ 妈妈的薄荷色单品

100%
薄荷色占比

特点

清新自然的薄荷蓝色，不仅能够更好地衬托出白皙的肤色，
更能穿出脱俗、优雅的气质。

50%
薄荷色占比

特点

用薄荷蓝色来点缀，不仅不会让人觉得过于甜腻，
反而更显低调与甜美，并且能和其他颜色达到平衡、
统一。

10%
薄荷色占比

特点

只在衣服上搭配少许薄荷绿色，就能让整体搭配更
清凉，彰显与众不同的品位，展现了高超的搭配水准。

❤ 女儿的薄荷色单品

100% 薄荷色占比

特点

秋冬季节使用薄荷蓝色与薄荷绿色更是别出心裁，不仅颜色饱满、色泽鲜亮，还能让人感觉更为温馨怡人。

50% 薄荷色占比

特点

衣服上较大面积的色块能够刺激视觉神经，使用薄荷蓝色或薄荷绿色不仅不惹眼、不俗气，相反的还能看起来通透舒爽。

10% 薄荷色占比

特点

只以小面积的薄荷色点缀，让别的颜色在衣服上呈现层次分明、有轻有重的设计感。

红色 诠释贵族般的尊贵气度

　　红色张力十足，是所有色彩中语感最丰富的，它可以是炽烈的、感性的、浪漫的，也可以能转而温情、流于底蕴、高于天际，要穿出红色的各种性格一定要有超群的穿衣智慧。

　　红色将衣服雍容、华贵的感觉表现得淋漓尽致，充满质感的雪纺面料加上立体、饱满的刺绣令人感受到红色单品最尊贵的一面。

红色诠释尊贵气质

自信的衣服颜色当属红色莫属，充满力量和无限激情。红色饱和度高，给人以积极和健康的感觉。在红色衣服的整体运用中，能够很好地诠释尊贵的气质，让你看起来充满活力却不失优雅，即使是低龄的女宝宝也能展现出独有的活泼可爱。

也许只是为妈妈轻轻拨开碎发，却想象着长大后我也要成为和妈妈一样高贵温婉的人。

穿搭达人课堂

让热烈的红色搭配出令人惊艳的效果

红色往往代表着成熟与炽烈，并且有不少妈妈认为，红色难以搭配。其实不然，红色是一个十分喜庆祥和的颜色，不仅能够提升气色，还能让人感觉温暖好交往。可以选择与黑色、白色相搭配，这样不仅突出了红色的艳丽，又不会造成视觉上太大的冲击；如果同时为女儿和自己穿搭，可以选择一些单品。例如，帽子或是鞋子，用小型单品突出红色重点，展现热烈、抢眼搭配，又不会让女儿显得过于成熟。

穿搭达人 @许小丫

127

❤ 妈妈的红色单品

100%
红色占比

特点

不必担心只有一个颜色会让人觉得无趣呆板，越简单的设计越能突出红色"唯我独尊"的气度，这是其他颜色不具备的特质。

50%
红色占比

特点

用带有异域风情的格子和提花纹饰去勾勒衣服，用红色分割出强烈的层次感，令衣服时尚感大增。

10%
红色占比

特点

将红色小面积的用纹饰、刺绣等元素点缀，红色的高调和精小低调的图案相配，拿捏准确，更显都市游牧风格的情怀。

♥ 女儿的红色单品

100% 红色占比

特点
以红色为主色调的衣服仅仅点缀一些绣花纹饰和花草元素，让经典的颜色带来不一样的感觉。

50% 红色占比

特点
用图案和花纹拼接，用色彩去创造出强烈的对比，用同色系花纹来呼应底色，为女儿整体的色彩搭配加分不少。

10% 红色占比

特点
白色为底，用红色花纹去点缀绝对是整件衣服的亮点，女儿穿上能增加亲和力，在日常生活中穿着也非常时尚。

宝蓝色 塑造清新怡然的气质

　　宝蓝色，就如同纯净蓝宝石的颜色，亮泽而柔美，当穿着宝蓝色的衣服，能够轻松穿出清新、大方的气质，并且不遗余力地展现宝蓝色的风度和气韵。

宝蓝色让母女都焕发出鲜明的时尚气质，立体刺绣与大面积的印花生动又自然，更能显出不凡的风度。

宝蓝色展现怡然风度

不少人认为宝蓝色是极其难以驾驭的颜色，其实不然。宝蓝色是所有色彩中较好控制的颜色，因为其较高的饱和度和色彩亮度，能让皮肤显得白皙，并且极易和其他颜色搭配。因此，想要穿出极富质感和风度的感觉，宝蓝色必须是首选色。

裙子精细的刺绣细节如同妈妈对于宝贝最细致入微的爱护，细腻的针线穿插都是寄托亲情的纽带。

穿搭达人课堂

用宝蓝色成就妈妈职场最搭颜色

宝蓝色是职场女性最受欢迎的颜色之一，通过比较简洁的线条和良好的剪裁比例，能够展现身材曲线，加上宝蓝色高饱和度、高亮度的颜色特点，能让肤色看起来白皙，成为最合适职场妈妈的颜色单品。如果要为女儿也准备一件宝蓝色单品，可以选择宝蓝色小风衣，这样既能展现出宝宝安静、高贵的感觉，又能够连同妈妈一起提升气质，展现怡人的风度。

穿搭达人 @Selene

♥ 妈妈的宝蓝色单品

100%
宝蓝色占比

特点

大面积铺就的宝蓝色强调理性和自信，用服装定义
妈妈则是一个年轻干练并且处事从容的女人。

50%
宝蓝色占比

特点

谁也不会质疑宝蓝色中的诗意，它成就的是一位卓
有品位、不失生活情趣的文艺妈妈。

10%
宝蓝色占比

特点

在搭配中加入宝蓝色，鲜亮的颜色成为衣服的点缀，十分亮眼，
凸显个性，令人眼前一亮。

♥ 女儿的宝蓝色单品

100%
宝蓝色占比

特点

将宝蓝色运用在全身，凸显时尚廓形设计，穿起来显得经典而又个性，搭配不同的纹饰图案，增加细节可看之处。

50%
宝蓝色占比

特点

搭配其他颜色的花纹会让宝蓝色在宝宝身上不显突兀，蓝紫色的混合色调能够更好地让宝宝驾驭出衣服的质感。

10%
宝蓝色占比

特点

只用少量的宝蓝色融入衣服中，无论是规整的花纹，还是不规则的线条，都能带来强烈的异域风情。

玫红色 打造热力十足的朝气身影

　　加入了玫红色，能让衣服产生与众不同的效果，能够展现诱人的柔美却不失张扬的个性。典雅和明快的颜色，无论是母亲还是女儿都能在这个颜色中找到最合适自己的单品搭配。

不仅保留了玫红色个性朝气的感觉，同时还加入了拼色和印花，又为亲子装增添了时尚流行元素。

♥ 玫红色突出朝气活力

当提到玫红色时，会立刻想到高贵、显眼的玫瑰，若将玫红色加入衣服中，立刻会显得透彻无垢，明亮清晰。不仅流露出含蓄的美感，而且又不失朝气与活力，展现随心所欲的率性和时尚设计感。

女儿轻轻的一个吻，饱含对妈妈最真挚的爱，让妈妈忍不住露出幸福满满的表情。

♥ 穿搭达人课堂

既显女生俏皮又有女人性感的玫红色

玫红色象征热情和开朗，是介于女人和女孩之间的色彩。它没有粉色的单纯也没酒红色的沉稳，但它可以简单地搭配出充满女人味却又不失俏皮的风格。尤其是在秋冬季节，穿着玫红色的衣服会十分抢眼，再为自己的女儿搭配玫红色小外套和一条黑色小脚裤，母女俩亲密地走在街上，一定会在成为最亮眼的明星母女。

穿搭达人 @ 那 _ 女子 _

135

♥ **妈妈的玫红色单品**

100%
玫红色占比

特点

明亮的玫红色，突出了时尚的感觉，尽显优雅、大气，亮眼夺目的颜色随意搭配其他单品都不失女性特有的活力感。

50%
玫红色占比

特点

加入了其他颜色的搭配，让玫红色看上去不会过于浮躁，沉淀下来能给人以典雅、得体的感觉。

10%
玫红色占比

特点

用玫红色混合其他颜色进行十分大胆的撞色搭配，不仅不会让人觉得太过于抢眼，而且还会感觉时尚、动感。

❤ 女儿的玫红色单品

100%
玫红色占比

特点

对于宝宝而言，过于抢眼的玫红色可能会掩盖住童真，但在玫红色中加入粉色、紫色等色调会令玫红色展现活力、俏皮的感觉。

50%
玫红色占比

特点

将玫红色低调地融入整件衣服的搭配中，或用条纹，或用印花，使得整体过渡柔和，清爽甜美。

10%
玫红色占比

特点

大面积的素色、底色点缀繁复的纹饰或刺绣，不仅不会显得繁复，反而更会突出玫红色的活泼和跳跃。

白色 简洁纯粹的魅力

　　白色明亮、干净、朴素、雅致，但并不表示白色没有强烈的个性，反而将白色的衣服穿在身上，加入不同的设计元素，令人引起无限的想象空间。

花边条纹的点缀提亮了整套裙子，胸前的花纹更是让整套搭配更有重点，起到画龙点睛的效果。

白色凸显纯粹魅力

　　白色既不是冷色，也不是暖色，白色是一种没有色彩倾向的颜色，正因为"没有色彩"，所以这种颜色更显纯粹和纯洁。一般情况下，白色是搭配的首选，因为白色的融合度更高，能够和其他任何颜色搭配，凸显轻柔和淡雅的纯粹魅力。

同时向远处眺望，母女间的默契流露出来，所产生的亲密感是其他普通模特所不能达到的。

穿搭达人课堂

让全家人都适用的百搭白色

　　白色可以作为亲子装的主色。理由很简单，白色基本是用于任何背景颜色，而且对场景也不挑剔，基本上白色的服饰都不会显得突兀。并且白色运用在亲子装上，可以同时满足妈妈和女儿的着装要求，既能让穿着白色蓬蓬裙的女儿看起来像圣洁的天使，又能让穿着白色连衣裙的妈妈显得高贵、气质。因此，作为全家人都适用的白色，其单品一定要准备几件。

穿搭达人
@Sweet 可瑞丝麻麻

❤ 妈妈的白色单品

100%
白色占比

特点
白色是绝大多数人都能够驾驭的颜色，如果纯白色过于单调，加入碎花、刺绣等元素丰富整个设计。

50%
白色占比

特点
大面积的白色、乳白、象牙白等颜色，配以轻巧的印花、刺绣、提花，使整件衣服轻盈而洁净。

30%
白色占比

特点
素雅纯粹的魅力同样可以通过以白色底为主的衣服穿搭，点缀的花纹能增添趣味和情调，彰显简约、精致之感。

❤ 女儿的白色单品

100% 白色占比

特点
在白色的衣服上，不做多余而花哨的铺垫，用纯白色去表现女宝宝天真浪漫、纯洁无瑕的感觉。

50% 白色占比

特点
主动回避过多的色彩，用单一的白色，不仅更为明亮而且融合度高，会显得女宝宝文静、乖巧。

10% 白色占比

特点
要诠释简约风格首选白色，而当加入其他花纹和颜色的白色，却又让原本清冷的颜色带着温馨和素雅。

橙色 洋溢青春十足的趣味

　　橙色是一个令人愉悦的颜色，没有红色那么夸张，也没有粉色那么难以驾驭，但清爽的感觉却是令人洋溢着青春十足的活泼与俏皮，充满了活力与元气。

洋溢着青春俏皮气息的卡通图案，搭配清爽的橙黄色连衣裙，让人感觉极富动感和趣味。

❤ 橙色洋溢青春气息

　　橙色一直被称为阳光的颜色，它不仅色彩饱和度高，最重要的是还能衬出皮肤好气色。橙色也是所有色系中最耀眼的颜色，无论是选择用它作为主色调或者是为沉闷的着装加入亮点，橙色都能让你在人群中脱颖而出。

简洁的连衣裙即便是坐在石阶上玩耍嬉戏也能轻松应对，舒适的布料令母女都露出甜美的笑容。

❤ 穿搭达人课堂

与其他颜色相搭让橙色更出彩

　　像橙色这种洋溢着青春和趣味的颜色有时候过于抢眼，如果是偏黄、偏黑的皮肤穿着橙色会显得不适合。如果是非常喜欢橙色，可以通过与其他颜色搭配让橙色成为出彩亮眼。一般来说，可以选择白色、黑色、黄绿色或是与橙色撞色的紫色、蓝色相搭配，不仅能够保留橙色青春洋溢的气息，还能够通过其他颜色搭配，降低橙色的醒目程度，搭配出令人夸赞的颜色穿搭。

穿搭达人 @苗苗妈

❤ 妈妈的橙色单品

特点
一身抢眼的橙色衣着，让人甚至感觉不到季节，无论是春夏还是秋冬，橙色都是缤纷出众的颜色。

75%
橙色占比

特点
大面积使用橙色，会显得妈妈在俏皮中带着雀跃的感觉，花边、流苏、刺绣的加入又带着一股异域的浪漫情怀。

特点
橙色并不意味着高调，也意味着缤纷多彩的颜色，将花纹堆叠在衣摆、领口等部位，加强层次感和设计感。

♥ 女儿的橙色单品

100% 橙色占比

特点

亮丽的橙色为简单的衣服廓形设计增添了活力的元素，让宝宝的穿着也别具一格，搭配其他单品也能随心所欲。

75% 橙色占比

特点

简单立体的廓形，加上提花和刺绣工艺，将热情的橙色诠释得淋漓尽致，充满活力与俏皮。

50% 橙色占比

特点

橙色是一个能量十足的激活色，能让原本古朴的民族元素呈现出迎合现代主流的摩登姿态。

粉色　从浪漫中寻找甜美

很多人看到粉色都会先入为主地把它和可爱联系在一起，但妈妈们不必担心粉色会显得过于稚嫩，选择合适的款式和粉色，即使是成熟的女性也很合适。

一深一浅两种粉色将母女俩的年龄、性格特点很好地表现出来，彼此之间相互呼应独具一格。

❤ 粉色打造浪漫温柔的甜美

不少人都认为粉色如果穿不好就会显得土气，但其实粉色并没有那么挑人，如果想穿粉色却又担心不能驾驭，还可以选择裸粉色、深粉色等，也能穿出好气质。粉色纯情淡雅，浪漫甜美，充满了愉悦与温馨，并且又不会过于浓烈。因此，粉色更能凸显甜美气质。

牵着妈妈的手，彼此都露出真挚快乐的表情，撒娇玩乐才是最美好的午后时光。

❤ 穿搭达人课堂

能够同时满足妈妈和女儿的清爽粉红色

粉红色在母女装的运用中十分广泛，不仅能让妈妈看起来十分恬静淡雅，带着一股清风拂面的感觉，又能符合女儿低龄的童真和可爱，让母女的搭配在视觉上并不会突兀，反而还能穿出活力和温馨的感觉。另外，在粉红色的搭配上，可以混搭也可以单穿，让粉红色运用得更有层次和重点。

穿搭达人 @佳宝妈咪

♥ 妈妈的粉色单品

100%
粉色占比

特点

针织、羽绒、平织棉布，干净利落的剪裁给人一种清爽明快的感觉，迸发出甜美时尚的时尚感。

75%
粉色占比

特点

较大面积地使用粉色，显得干净纯洁，细小精致的花纹尽显搭配心机，低调展现出浪漫随性的感觉。

50%
粉色占比

特点

利用同色系或撞色搭配小面积的粉色，即使不是全身粉色，也能起到画龙点睛的效果。

❤ 女儿的粉色单品

100%
粉色占比

特点

穿上粉色的衣服能够让宝贝拥有十足的好心情，永远都是充满了青春活力，给人自然轻松的印象。

50%
粉色占比

特点

在粉色中加入薄荷色搭配，充满了清新甜美气息；再加入刺绣元素，增添了不少时尚感和柔美的感觉。

10%
粉色占比

特点

印花和提花的加入，使整体风格更加多元，不仅告别了沉闷的搭配，还能令人眼前一亮。

丹宁色 呈现活力朝气面貌

　　丹宁布浑然天成的湛蓝色，是美式文化的经典文化，也是衣柜中必不可少的单品之一，在不知道如何穿搭时，用丹宁色的牛仔或布料是最合适不过的选择。

丹宁衬衫搭配牛仔裤是最合适的选择，前襟别致的绣花纹案更是让母女的搭配显得活力与朝气。

❤ 丹宁色呈现朝气

关于丹宁色，当千篇一律的搭配方法令人感到无聊时，用丹宁色提亮整个搭配与设计，让穿搭更有重点，由内而外的散发朝气活力与时尚魅力。不论在什么季节，丹宁色都是作为经典呈现在人们眼前，碰撞出时尚的火花。

最开心的事情莫过于跟妈妈一起，或玩耍、或聆听故事、或晒着太阳，长大后一定是最甜最美好的回忆。

❤ 穿搭达人课堂

休闲运动的场合更适合丹宁色

丹宁色是老少皆宜的颜色，具有很强的实用性，一年四季都可以找到合适的丹宁色单品。通常来说，与女儿穿着丹宁色单品亲子装时，一般会选择休闲的场合。比如，聚会、旅游、娱乐等，而丹宁色的单品恰巧能够给这些场合带来舒适、方便、活力的感觉。母女俩的穿衣搭配可以不奢华，可以不繁复，但一定要有丹宁色单品。

穿搭达人 @ 韩韩

♥ 妈妈的丹宁色单品

100%
丹宁色占比

特点

全身都是丹宁色的穿搭相对来说更加年轻也更加耐看，但要注意衣服是否合身，过于宽松会显得慵懒。

75%
丹宁色占比

特点

绣花的加入打破了平日里上班工作的严谨形象，在丹宁色中找到了惬意与舒适，更体现时尚潮流。

30%
丹宁色占比

特点

落落大方的丹宁色让妈妈的气质更加温柔舒适，可以搭配白色单品，颇为文艺与清新。

❤ 女儿的丹宁色单品

100%
丹宁色占比

特点

仿照民族服饰的剪裁方式让孩子获得轻松自在的穿着体验，妈妈都应该具备不与身体为敌的选品思维。

75%
丹宁色占比

特点

做旧漂浅的处理赋予了丹宁色时光痕迹，胸口和两肩袖的花纹更是精致考究，让孩子呈现出不俗的文艺气质。

50%
丹宁色占比

特点

半身丹宁色的穿搭是日常生活中最常见的搭配，可以为孩子选择搭配饱和度高的亮色单品，会让整体更抢眼。

全年场合都合适的百搭亲子装

· · · · · · · · · · ·

女儿年纪虽小但却能承载各种色彩、元素和风格的多样性搭配，妈妈们可以尝试用不同风格让宝贝百变，运用花草元素在春游时更贴近自然，凭借潮流腔调打造高阶时尚，用乖巧的穿搭实现整体的学院感……拿捏到位的搭配才能赋予造型完整的美感，营造出适用各个季节且百搭的造型效果。

花草元素的色彩和特有的盎然生机让所有人都爱不释手，如果在全家出游的场合中，全家都穿着花草元素的衣物和搭配，那么将会给出行带来愉悦、轻松的感觉。

如何选择花草元素

刺绣花草元素

刺绣的花草元素优雅而又传统、立体，精致的绣花使得清新的花朵图案展现出刺绣的艺术感，呈现出迷人新颖效果。小范围的绣花则显得瑰丽别致，较大范围绣花的又会呈现出热情和炽烈。选择牡丹刺绣图案，尽显国色天香之美，展现中国风元素，令妈妈更娇艳多姿。

水浆印花花草元素

水浆印花是一种印花工艺，印花上色后能够保留织物良好的透气性能。在这件衣服的设计上，运用水浆印花的图案生动逼真，浅浅的花色充满了文艺气息，同时柔棉针织还带有独特的柔软质感，让母女俩穿搭更贴近自然。

贴布刺绣花草元素

贴布刺绣的图案以面块为主，选择贴合花草元素的贴布按照设计要求剪裁好，贴在绣片上，再用细腻的股辫花边锁边刺绣，风格别致大方，图案微微隆起形成垫高的立体效果，令贴布刺绣花草元素的衣服更显卓尔不群的艺术气质。

印花花草元素

流畅的线条和印花装饰风格，充满抽象艺术感，展现出浓浓的艺术感和强烈的现代设计感，带来随性的气质和大气洒脱的率性。此类印花设计中，花草元素多为经过设计加工的抽象主义图案，但这样的图案更符合印花这一流行元素。

💜 花草元素的呼应法则

👚 法则一：色调呼应

通过色彩能让亲子间的色彩搭配更加缤纷出彩。一般来说，同种色调一深一浅两种颜色能够加强层次感，用同色系深浅或近似色为母女俩的衣服带来不一样的感觉。由一个主色调加入了花草的元素更加入了生机和健康，适合全家出游，享受贴近自然的时光。

妈妈和女儿以明暗两种红色呼应彼此，既有差异又确保有相近的颜色作为桥梁。

👚 还可以这么搭：

近似色的搭配还是能够获得统一、协调的整体效果，点缀的花草图案精巧细致。

用小面积的刺绣让大面积、高饱和度的红色具有重量质感，又不会显得过于厚重。

只以颜色搭配作为的主题，配合抽象或具象化的花草元素，两者搭配也能和谐统一。

法则二：工艺呼应

　　罗纹织或平织的针织衫，简约舒适，纹理清晰。不仅不紧绷，还可以避免像其他普通织法久穿后无法回弹而造成的松弛变形情况，更能在针织衣物上印花、提花、刺绣、混纺等加入其他元素呼应花草元素，让全家出游享受到舒适和温暖。

异域抽象的花草图案和橘色暖色色调，加上现代化的针织提花工艺，使得两套母女装的搭配简约而不张扬。

还可以这么搭：

花朵的提花花纹，图案精致细腻，颜色鲜亮饱满，既丰富了服装的细节，又保证了穿着舒适保暖。

精准的提花针织工艺让花纹明了、清晰，设计的花纹具有强烈的设计感，展现出活力和生机。

天蓝色和草绿色的搭配带来暖甜的视觉感受，针织和提花纹理清晰，精巧细腻，更为衣服带来精致美感。

👚 法则三：廓形呼应—宽松连衣裙

　　出门游玩，最重要的是轻松和自在，选择宽松、休闲的连衣裙版型设计，让你摆脱平日的束缚，使身心得到最大程度的放松，更合适全家出游时穿。连衣裙在保留美和质感的同时，还可以方便外套的穿搭，让你的出行搭配更轻松。

连衣裙可以利用高腰线、直筒包臀等设计细节，令衣服不仅显得宽松舒适，又合体合身。

👚 还可以这么搭：

一窄一宽，一收腰一直筒，从衣服廓形上，用独特的设计搭配让母女俩的搭配充满细节亮点。

宽松而又舒适的腰部设计，更方便休闲轻松的户外活动，简洁的设计使母女俩的着装看起来更具魅力。

裙摆俏皮灵动，腰部收腰却不紧绷，整体线条流畅舒适，同色调穿搭让母女之间感觉更亲密。

周末聚餐 适度优雅突出社交敬意

　　周末里，带着女儿与朋友外出聚餐，不仅不能穿得太过于邋遢，还要和女儿穿着亲子装，展现自己独特的搭配水平和着装品位，休闲舒适地享受惬意周末。

♥ 如何选择适度优雅元素

👗 优雅蕾丝元素

　　精美细致的蕾丝元素，展现如名媛般柔美和优雅，只需一点点缀在肩部就能带出浓浓的优雅气质。衬衣设计和可以系结穿的圆弧底摆，更显设计出位、特别。简单随性的衬衣和蕾丝元素的搭配，既能在周末显得轻松休闲，又能适度优雅体现社交敬意。

👗 精致镂空元素

　　镂空网眼、蕾丝的结合并没有显得过于繁复，然而在规则形状的镂空网眼中加入独具个性的蕾丝拼接让这件上衣显得更加时尚。在上衣里面搭配打底吊带衫，可以打造若隐若现的小性感，又不会过于暴露肌肤引起他人不适。因此，这类含蓄的镂空上衣更为适合周末的聚会。

👗 精美刺绣元素

　　优雅的淡蓝色针织连衣裙上，刺上具有国画晕染效果的刺绣，通过套针针法来表现图案色彩的细微变化，让深浅融汇的颜色产生花而不俗的色彩效果。宽松的圆领和舒适的连衣裙廓形，符合周末休闲的主题，而生动逼真的刺绣则让衣服显得更精致秀美。

👗 柔美提花元素

　　柔美的提花，是经久不衰的时尚元素之一，让任何图案都瞬间充满了存在感，代表了个性和柔美，抽象的图案花纹带有强烈的视觉冲击力，将时尚和个性完美地融合在一起。简约的 V 领设计，衬托出迷人的锁骨；底色为深色不仅让人显得更白皙，更是社交活动中衣服的安全色。

适度优雅元素的呼应法则

法则一：色调呼应

为达到优雅目的，在选择衣服颜色时，不仅要突出颜色的质感，还要达到穿上就会提升整体气质的目的，所以不能随意选择任意颜色。应该选择既不会太哗众取宠，又不会过于低调，但能突出优雅品位的颜色，不露声色地展现迷人风采。

绿色给人一种清爽的感觉，将湖绿色和草绿色在母女搭配中运用，不会过于抢眼，又能体现优雅的气质。

还可以这么搭：

女儿用象牙白色呼应妈妈身上的米白色，低调柔和的呼应方式显得默契十足。

红色是一种极富冲击力的颜色，但在红色为底的衣服上点缀刺绣和花纹，则会让衣服显得柔和不少。

紫色是一种十分优美柔和的颜色，当搭配中有紫蓝色和深紫色，两者的搭配具有层次感和搭配美感。

👚 **法则二：工艺呼应**

　　花边是一种装饰物，经过时尚界多年的发展，款式和类别已经大胆地运用在各种服装上，在保留原有特点的的情况下，又加入了一些如压烫花边、包边花边、压烫镂空等形状各异的花边，让原本单调无趣的衣服加入了新的元素，流露出令人无法抗拒的优雅魅力。

清新的刺绣小花朵，结合与领口、衣摆相呼应的花边，延伸出自然与雅致，显得格外的轻盈、活力。

👗 **还可以这么搭：**

女儿可爱的多层花边裙子增加了层次感，妈妈胸口的蕾丝透视花边，带着唯美清甜的浪漫气息。

用机器针织包边，让花边显得更为圆润饱满，妈妈的蕾丝花边充满了垂坠感，更让亲子搭配精致有品位。

小小的木耳边是近年来十分流行的元素，点缀在领口，显得十分灵动俏皮，成为母女搭配中的新亮点。

👚 **法则三：廓形呼应—直筒外套**

　　秋冬不再是包裹着厚重外套的季节。短款直筒廓形设计的外套能够散发出独特的个性，既可以满足保暖的要求，又可以满足对身材的苛刻要求。从视觉上拉长身形，凸显腰身最纤细部位，保证休闲与时尚，让你带着孩子外出聚餐的同时也能优雅十足。

考究极简的版型及精湛的工艺，几何多种刺绣工艺，让绣花更有丰富的层次感，更让整个风格别致大方。

👚 **还可以这么搭：**

韩式的侧拉链直筒小外套和针织衫的搭配充满了创意，精心搭配的颜色凸显出母女搭配的默契感。

不一定要选择收腰贴身的外套才能显瘦，选择用直筒小外套更能突显妈妈的高腰、长腿。

不收腰宽松的直筒针织衫，通过横、斜两种刺绣条纹的搭配，让柔软和优雅体现其中。

亲子活动 轻松穿搭符合运动主题

在亲子的活动中，既要方便活动，又要方便穿脱，保暖性和透气性又得有保证。因此，棉质的针织衫、外套、T恤则是你的首选，并且只要选对衣服即便是随意穿搭也能舒适休闲。

💜 如何选择运动元素

👚 拼接运动元素

拼接是近年来大热的元素，这些独具个性的设计体现出不同的拼接特点，结合主题和现今的流行热点，搭配出最出彩的效果。运用上浅下深的颜色拼接，充满写意和生机，表现出搭配的巧思，既玩味又时尚感十足。

👚 印花运动元素

印花通常给人以温柔、繁复的感觉，似乎与运动没什么关系。但目前时尚界对跨界的设计十分赞许，用小面积的印花，以及较为抽象或几何纹路的图案去点缀去提亮衣服，成为整个穿搭的亮点所在，并且丰富了时尚对运动元素的定义。

👚 连帽衫运动元素

颜色多样、百搭实穿的连帽衫，还可以根据风格随意混搭，宽松的设计给人舒适、便于活动的感觉，简洁利落的造型融入连帽衫，不仅符合运动主题，更是让运动服带来时尚、有型的效果。

👚 网眼运动元素

修身的无袖连衣裙令你的身型显得高挑、清爽。弹力吸汗运动面料在亲子活动中发挥良好的作用。网眼在运动装中运用颇多，但在网眼上加入了印花元素，不仅保留了网眼清晰的肌理，又让网眼加入了新的浪漫、精致的细节。

运动元素的呼应法则

法则一：色调呼应

　　运动风格的色调，通常以显眼、鲜艳的亮色为主，还要强调是参加亲子活动，因此，不仅要考虑母亲穿着的颜色，宝宝更需要考虑到。可以选择橘黄色、白色、黄色、蓝色等亮眼的颜色不仅能够在活动中方便找到对方，这些颜色还能游走于休闲与时尚之中，穿出动感和舒爽的感觉

彩虹条纹的拼接撞色针织衫，不仅宝宝穿起来天真童趣，也让妈妈和宝宝的搭配到位，亲子搭配更抢眼时尚。

还可以这么搭：

蓝色并不会显得过于张扬，有领衬衣的搭配，即使是运动休闲的款式也不能忘记打造层次感。

白色令运动风格的衣服更为百搭，细节处加入刺绣图案，充分展示亲子间的清新与灵动。

鲜艳抢眼的黄色充满青春活力，刺绣和提花卡通图案，更显活力动感，极具青春时尚感。

🐱 法则二：工艺呼应

通过流行元素的设计，再加上匠心独运的细节，在细节处体现设计感，举手投足间都挥洒自如，展现活力的细节。比如，使用舒适的弹力面料，不仅手感柔软，还能在面料上做出十分漂亮的提花细节，令整个衣服更具可爱气息。又如，刻意打造的褶皱令衣服质感完美呈现。

大红色针织衫尽显活力热情，大方的圆领和高领方便穿脱、便于搭配，让你的衣服贴心巧妙，简约而不简单。

🐱 还可以这么搭：

精湛的抽象提花花纹，巧妙地融入了民族风格，让你凸显无尽的魅力与时尚感。

腰侧的尖角设计突出了细节，套头设计大气优雅，更能够拉伸颈部线条，凸显魅力。

针织的肌理让衣服更具有细节的纹理质感，下摆和领口的设计增加了整件衣服的立体感。

🐾 法则三：廓形呼应

　　较为宽松的廓形设计令母女的亲子活动更为轻松舒适，此外，加入了不规则的衣摆、领口等颇具心思的设计，不仅令衣服更具设计感，还更贴合人体曲线，让人穿着舒适、穿脱方便。很多妈妈也许会很担心宽松的衣服会让自己显得太松散，但在衣服细节中加入不规则的衣摆或花边设计，这些活力精致的小细节一定会成为整套穿搭的亮点所在。

妈妈衣服两侧下摆的开叉，更贴合身体曲线，宝宝的花边设计独特清新亮丽，增添衣服的层次感。

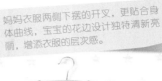

🐾 还可以这么搭：

大气的非对称设计打破常规，罗纹编织的下摆避免卷边防止走形，并且不挑身材，所有身形的妈妈和宝宝都合适。

宽松的斗篷设计，舒适而又轻松，底摆的浪漫流苏带着与生俱来的自由随性质感。

淡雅的紫色给人干净愉悦的感觉，母女俩的衣服下摆不规则的设计低调却十分具有设计感。

亲子表演 适合登台的亮眼默契装扮

亲子聚会、校庆比赛、社区活动等需要家庭共同配合参加的亲子活动，妈妈要选择既能够活跃气氛，又能足够时尚抢眼，同时兼顾母女的搭配，这样才能在舞台上大展风采。

💟 如何选择默契亮眼元素

👗 颜色鲜亮的亮眼元素

　　显眼亮眼的衣服能够在舞台上起到很好的效果，点缀在双肩的刺绣装饰，可以让衣服的细节更精致。加上高腰线的设计风格，拉长了身体线条，在宽阔的舞台上不会显得过于渺小。红色更能活跃舞台气氛，使得成为舞台经典。

👚 对比度强烈的亮眼元素

　　舞台中，穿着搭配的衣服不仅需要有亮眼的颜色，在复杂的灯光条件下，拥有高对比度和鲜亮的橙色搭配则会成为舞台中闪耀的小明星，增加醒目度，成为视线焦点。

👚 钉珠与刺绣的亮眼元素

　　钉珠在灯光的照耀下闪闪夺目，十分耀眼，而刺绣为钉珠创造了一个新的基调，两者的结合，可以令舞台上的你，光彩亮人。面积过大的钉珠与刺绣并不合适女儿。因此，小面积的点缀也能达到这样的效果。

👗 亮片与花边的亮眼元素

　　亮片是舞台装扮效果中必不可少的元素之一，亮片充满了激情和夸张，充分释放了热情。母女舞台穿搭中，不必要全身都是亮片，选择半身亮片，不仅能将好肤色衬托出来，让母女穿搭都成为镁光灯下的焦点。

亮眼默契元素的呼应法则

法则一：色调呼应

没有什么比舞台上风格统一、穿着近似的亲子组合更为出彩的了。用颜色搭配在一起，再让亲子的装扮颜色深浅浓淡不一，用颜色来区别人物，心思和设计都在细腻的颜色中创造出最变幻、最细腻的感觉，在舞台上做最耀眼的明星。

绿色的裙子通过搭配和长短、颜色的不同，来打造亲子两种不同的效果，但合在一起却又无比和谐统一。

还可以这么搭：

通过深浅浓淡两个颜色的配合，令母女之间的感情更为紧固，特别的蓝色更能让舞台增添一股清新的感觉。

当妈妈牵着女儿走上台前，一件特别的长款连身牛仔裙和抢眼的宝蓝色连体裤一定会收获最热烈的掌声。

天蓝色的假两件连身裙和长款刺绣针织衫，以细腻的图案和肌理，赋予了舞台新的含义，绝对是吸睛之选。

169

没有什么比拥有精致工艺的连衣裙更飘逸灵动的单品了，压褶、滚边、大摆、风琴褶等元素的加入，让这样的连衣裙不仅飘逸优雅，花样十足，还能显高、显瘦、遮肉。飘逸的大裙摆在舞台的效果更是惊艳。即使一条雪纺裙没有其他别的单品搭配，也能够亮眼动人。

简单的裙子没有其他过多的装饰，通过腰线和领口的缝线褶皱和刺绣，整体搭配到位、清爽。

👗 还可以这么搭：

在女儿的连衣裙设计上，腰线处的褶皱柔软轻盈而不失细腻，在舞台上给人带来如坐春风的舒适感。

绣花纹搭配高腰设计，用刺绣工艺展现饱满花朵在灯光的照耀下闪亮动人，裙摆自然飘荡灵动，带出柔美的感觉。

利用布料轻盈的效果，通过柔软的腰线褶皱设计，令宽大轻薄的裙摆能在舞台上展现十分良好的效果。

法则三：廓形呼应—连衣裙

　　连衣裙款式众多，形成不同的轮廓和细节，但不约而同的，连衣裙大多数都能够修饰身材，将不完美的身形修饰出最好、最完美的效果。连衣裙还能与各种不同的元素相搭配，将各类元素融入其中，搭配出一身上镜的单品，让亲子在舞台上也能够默契十足。

飘逸的雪纺百褶连衣裙遇上优雅的印花，略微收腰的设计打造完美的比例，凸显腰身，在舞台上也仙气十足。

还可以这么搭：

在灯光强烈的舞台上，深色并不会显得黯淡，裙子上的几何纹路提花，搭配收腰裙子非常适合舞台。

妈妈的"H"型和女儿的"A"型连衣裙，两款不同的廓形搭配在一起却意外的和谐统一。

半透明的白色上衣罩衫能够很好地遮掩身材缺陷，直筒连衣裙又能够拉长身形，又能知性优雅，显示高阶搭配水平。

购物血拼 潮感元素制造街头风尚

在血拼购物中，选择的衣服最重要的是轻便、随意。运动休闲装是最好的选择。而在这些衣服中，通过选择不同的元素和款式都能释放出不一样的街头随意感。

♥ 如何选择街头潮感元素

🎽 棒球外套

棒球外套是近几年在时尚圈里炒得火热的一项单品，要搭配出街头潮感十足的棒球外套，运用各种元素让棒球外套焕发新的光彩，还能够让你在穿搭的同时，兼顾温度和风度，成为街头时尚潮流的新风尚。

🎽 运动外套

运动外套往往在色彩和款式的选择上都十分倾向于运动的设计，但在目前的运动外套设计中，不仅保留了运动的元素，还加入了潮流街头元素，增加细节设计可看之处，令运动外套更具有街头潮感。

🎽 牛仔外套

牛仔外套作为换季最实用的穿搭单品，不仅可以抵御清凉季节的寒意，又同时兼顾了百搭的特性。外套还能在内叠穿。只需随意地搭配，就能穿出帅气的味道。抛开纷繁的苦恼和工作，简单的牛仔外套一定是街头百搭的实用单品。

🎽 牛仔裤

牛仔裤在众多达人潮人的眼中绝对是人手必备的单品。根据街头酷炫的主题，裤型宽大、个性、舒适的牛仔裤，搭配一些刺绣和收口元素，宽松的裤腿立刻给整体造型添加一种平衡感，会显得十分活力。

♥ 街头潮感元素的呼应法则

👕 法则一：色调呼应

　　浓淡两色相搭配的手法似乎在时尚圈找到自己的地位，成为了街头、或是设计师的首选色调搭配。经典的运动风格外套也不会例外，无论是漆黑百搭的黑色，还是显眼靓丽的花朵颜色，抑或是经典火热的红色，都可以成为街头的主色调。

结合明亮丰富的花朵颜色，赋予运动风格外套活力与时尚魅力。即使是低龄儿童穿着也能成为街头潮人。

👕 还可以这么搭：

充满动感的流畅线条更显时尚俏皮，一冷一暖两种颜色同时搭配在白色上，更显搭配的高水准。

深浅两色的搭配会显得无趣，在宝宝的着装选择上 将两只袖子改为白色，让搭配显得无比活泼不少。

用最简单的牛仔单宁色去呼应色调的搭配，用牛仔小外套去呼应街头风尚感，用方便穿脱让购物更自在。

　　收口不仅仅表示袖口用特殊工艺剪裁缝制收起，也可以代表着收起领口、衣服下摆，或是裤腿。也许收口同样表现出一丝慵懒的气息，或是时尚界悄然流行的元素。但生活中仔细地观察便可发现，一些搭配和造型都有收口的工艺在其中，显得特别的惬意有型。

动感的棒球服廓形外套，搭配精致的抽象花朵印染和蕾丝拼接，产生刚柔并济的美，碰撞出新的搭配火花。

🦋 还可以这么搭：

款式丰富的棒球服令人眼花缭乱，但细节丰富的棒球服会让搭配更显率性的浪漫，带来精致的细节美。

普通的收口外套已经不能满足对搭配高要求的妈妈了，用充满感染力的颜色和花纹去创造新的时尚，令衣服更具动感。

妈妈和女儿的外套，通过领口、袖口和衣摆的收口，以同样的搭配设计让母女的亲子装更有默契。

👕 法则三：廓形呼应—棒球服

　　潮感元素的街头风格怎么能错过棒球服呢？随意搭配运动鞋或者牛仔单品都能有超级帅气的感觉，并且棒球服能够集合各种潮流时尚元素，比如印花、刺绣、拼接、撞色等。休闲时尚又方便穿搭，无疑是最潮爆的街头新风尚。

棒球服的廓形大同小异，但在棒球服的纹路和布料上可以做足功课，使用各种元素来为亲子间的穿搭做亮点。

👗 还可以这么搭：

中国风味十足的刺绣棒球外套透露着甜美，七分袖袖子设计更显俏皮活泼。

短款直筒廓形的棒球外套让妈妈的身材看起来更为高挑，点缀在袖筒前端的花纹视觉上拉长手臂，显得更修长。

个性线条刺绣棒球服增加了活力感与设计感，随意搭配其他单品都能休闲随性，棒球服可谓百搭单品。

户外劳作 度过轻松惬意的园艺时光

户外的劳作不再是穿着旧衣服的陈旧观念了，搭配合适的户外劳作衣服，其中充满了各种与园艺、劳作有关的元素，让户外劳作充满了好心情和舒适惬意感，还能通过服装表现出自己的个性。

💜 如何选择惬意户外元素

👚 可爱动物元素

在衣着上跳跃着可爱呆萌的小动物，更显清新活力的提花提花贴布团，充满了童趣和俏皮，符合户外惬意的主题。选择可开衫易搭配的衣服，方便穿脱，实用性高，让亲子间的户外劳作更能产生美好的回忆。

👚 惬意花枝元素

花枝元素不仅丰富了颜色，也增加了服装的细节，浅浅的颜色充满了文艺气息，同时绵柔布料还带有独特的柔软质感，更让亲子穿搭更贴近自然。收腰、收口和宽松的下摆，既保证了美观，又能在劳作和玩耍的同时不影响活动。

👚 舒适花鸟元素

简洁的圆领，以及收束的底摆T恤，松紧舒适，方便活动，穿着舒适，非常适合田园间的劳作，更显自由随性。加上充满惬意舒适感觉的花鸟元素，让劳作充满了花香鸟语，美观大方又能引人瞩目。

👚 镂空钩花元素

考究的羊毛混纺纱线，不仅柔软顺滑，还有着鲜亮的色泽，让在田园间充分感受到自由舒适的感觉。精美的钩花不仅细致，红色的颜色从另一方面表现出对生活的热爱及对田园劳作的喜爱，凹入缠绕的肌理触感，形成有浮雕般的立体层次感。

惬意户外元素的呼应法则

法则一：色调呼应

简单的颜色也许更为合适在户外的劳作，干净利落的颜色透露出亲子间恬静的气质。在外出活动中，推荐橙色、绿色、和蓝色等搭配色，这些颜色不仅能够给人温暖、生机的感觉，也不会让人产生视觉疲劳，也容易穿搭出层次感。

在风和日丽的日子，穿着带有绣花元素和卡通元素的衣服，去田园里劳作，享受着惬意生活。

还可以这么搭：

在白色中加入红色和其他点缀的颜色，能让白色的搭配更出众显眼，带来母女间舒适与悠闲。

绿色就像是田园间探出脑袋的小精灵，在女宝宝的帽檐上别出心裁地加入了两只小耳朵，更让户外活动感到快乐。

橙色非常具有温度感，让人在视觉上有温暖的感觉，同时加入的抽象花提花，更让衣服充满生动细节。

法则二：工艺呼应—刺绣工艺

刺绣工艺历史悠久，精美绝伦，或简单或繁复的刺绣能让一件普通的衣服变得与众不同。当刺绣工艺配合舒适惬意的户外劳动，那么点缀在衣服上的绣花就成为点睛之笔，让这一古老的工艺在现在又发挥出精美绝伦的效果。

平针绣花将线条和轻微的立体感表现出来，同种颜色中，不同大小的绣花面积避免母女俩的衣服亮点重叠。

还可以这么搭：

贴布刺绣和卡通、动物元素的结合，让亲子装的穿搭充满童趣，让户外劳作不再显得无趣。

刺绣花朵仅有少数几种颜色的绣线，更显清新动人，释放出内心对衣品严苛的要求，强调品质和质感。

抽象的几何刺绣肩带，车线精致细腻，连同女宝宝的连帽针织衫，让绿色的生机和刺绣的美好完美结合。

在套头版型的毛衣中，可以搭配各种不同单品让衣服打造出不同造型，不仅是外穿还是内搭衬衣，都是很不错的选择。一些拼接、碎花、图案、几何纹路得体优雅。一些清新的颜色更为合适户外活动，简约舒适又舒服。

冰淇淋色的撞色搭配，再通过直筒廓形针织衫，让套头毛衣充满了田园闲适、休闲的气息。

还可以这么搭：

不规则的毛衣下摆，这样的设计不必担心将腰部挡住，而修身毛衣能让休闲舒适感加分。

将套头毛衣的花纹集中在衣服的上半部分，可以有效地减轻衣服的厚重感，使得衣服更轻巧有型。

通过下摆的收口，让直筒廓形毛衣稍带一些改变，也就是通过这些细节让母女的亲子装搭配默契、和谐。

在面见老师时，想要让老师第一眼就留下好感，也想要用崭新的面貌去迎接新的学期，那么在穿搭中，乖巧干净的衣服和有品位的整体穿搭则可以让老师认为有教养、有素质，能够让老师喜爱。

💜 如何选择干净乖巧元素

👚 素底刺绣干净元素

干净的素底颜色能够使人产生好感，但过于素净会导致单调和沉闷，加入了可爱、逼真的绣花，令细节处也精致耐看，顿时令人心生好感。并且同色系深浅两色的撞色设计时尚大方，也更突显衣服的层次感。

👚 冰淇淋色乖巧元素

冰淇淋色调是展现宝宝乖巧可爱的一大利器，当几种混合的冰淇淋色运用在针织衫上，不仅不会让衣服颜色显得花哨，反而在这样的颜色搭配中，再加入绣花元素以充盈细节，突出了衣服的细节，更显衣品，容易让老师对母女俩心生好感。

👚 蕾丝衬衣乖巧元素

立领衬衣不仅能让人显得精神十足，还能有效地提升个人气质。当衬衣创意地使用蕾丝作为主布料，结合兜口的猫咪绣花，不仅展现了女宝宝的娇俏活泼，突显童稚、纯真之感，还紧跟时尚节奏不落俗套。选择白色也更容易使老师产生好感。

👚 小范围点缀花纹元素

大面积的花纹或过于花哨的颜色可能会显得繁复和累赘，但用素色为底，仅仅点缀一下花纹和纹饰，让花纹起到一个点缀和装饰的作用，不仅让白色的T恤鲜活起来，还能显得清新素雅，充满优雅休闲的气息，展现良好的衣着品位。

干净乖巧元素的呼应法则

法则一：色调呼应（柔和色泽）

　　家长在选择面见老师的衣着时，可以选择低调、柔和的颜色，不必担心这样的颜色会让你黯然失色，这些低调的颜色搭配在一起，反而能够高调地为你和宝宝的气质加分，为面见老师的衣服提升整体的时髦度，还能给老师留下好印象。

清爽的蓝色同深蓝和白色相搭配，三种颜色的搭配创造出不一样的层次感和清凉感，显得既得体又时尚。

还可以这么搭：

白色展现的不仅是一种干净清爽的感觉，更是令乖巧可爱的气质在纯白色中更为突出。

纯白色的搭配会略显单调，使用纯白、米白、象牙白色的加入，使母女俩的衣服更具层次感。

宝宝的粉白色和母亲的粉色使穿搭更具有深浅不一的层次感，让人一眼就能看出穿搭的重点。

181

👗 法则二：工艺呼应（简洁至上）

简洁却又充满设计感的衣服能打动大多数人。线条简单、优美，颜色独特不花哨，将这些有简洁经典元素的衣服穿搭在身上，能感受到低调内敛的气质，并且在细节处都力求完美，这样的设计能产生独具一格的魅力。

在面对纷杂的的设计搭配，素净而精巧的镂空、刺绣工艺更容易打动内心，衣摆的花纹成为两套衣服的亮点。

👗 还可以这么搭：

褶皱设计营造蓬蓬裙 A 字裙摆，可爱灵动，衬托出女性烂漫俏皮的感觉，突出时尚个性。

湛蓝色的连衣裙搭配水洗磨白连衣裙非常合拍，简单的花纹和印花能使得衣服富有肌理感。

简洁的连衣裙设计，让母女俩大方、婉约，收腰大裙摆连衣裙廓形设计元素，带来简洁舒适文艺感。

法则三：廓形呼应

　　一个可爱甜美的颜色能让清冷萧条的秋冬显得暖意动人，针织或毛呢布料的开衫大衣这类宽松、直筒型外套都能为春秋带来温暖。开衫外套不仅能够保暖，又能根据颜色或设计来打造出优雅简约气质，并且不挑宝宝或是母亲的身材条件，是初秋季节必不可少的单品之一。

妈妈穿着收口针织衫纯美动人，女儿以散开下摆的小外套注入活力的基调，两者彼此呼应又能完美搭配。

还可以这么搭：

点缀的花纹和宝宝的彩虹爱心花纹，让保暖度和气质都翻倍，加上一长一短的搭配效果，成功改善身形。

提花和撞色两种风格，在以横向花纹为主的两件直筒廓形针织衫中，达到了和谐统一的效果。

宽松的针织开衫融入了砖红色和玫红色搭配，让整体性更一致、完整。深浅搭配更有层次感。